“十二五”职业教育国家规划教材
经全国职业教育教材审定委员会审定

SHENGWU FENLI
YU CHUNHUA JISHU

生物分离与纯化技术

（第二版）

邱玉华　主编

化学工业出版社
·北京·

《生物分离与纯化技术》按照一般生物物质分离纯化的步骤设置模块（具体为感知生物分离纯化技术、生物材料预处理、固液分离、可溶性组分的分离、目标产物的纯化以及产品精制），按照技术设置单元，按照产品生产工艺组织分配实训任务，将技术原理、操作标准、注意事项、发展情况等理论知识融入各实训任务中，并紧紧围绕技术的应用展开，同时吸收了相关新知识、新技术、新方法和新工艺，实现理论与实践的结合。书中选取了一些真实产品的制备工艺，结合教学实际优化为实训任务，既适用于模块教学，也适用于项目化教学。本书配有电子课件，可从 www.cipedu.com.cn 下载使用。

本书可供高职高专院校生物类、制药类、食品类和医药类专业师生作为生物分离纯化课程的教材使用，也可供从事相关专业教学与科研的技术人员参考。

图书在版编目（CIP）数据

生物分离与纯化技术/邱玉华主编．—2版．—北京：化学工业出版社，2017.5（2024.2重印）
“十二五”职业教育国家规划教材
ISBN 978-7-122-29319-0

Ⅰ.①生…　Ⅱ.①邱…　Ⅲ.①生物工程-分离-职业教育-教材②生物工程-提纯-职业教育-教材　Ⅳ.①Q81

中国版本图书馆 CIP 数据核字（2017）第 057580 号

责任编辑：李植峰　迟　蕾　章梦婕　　装帧设计：张　辉
责任校对：宋　夏

出版发行：化学工业出版社（北京市东城区青年湖南街 13 号　邮政编码 100011）
印　　装：三河市延风印装有限公司
787mm×1092mm　1/16　印张 11½　字数 210 千字　2024 年 2 月北京第 2 版第 9 次印刷

购书咨询：010-64518888　　售后服务：010-64518899
网　　址：http://www.cip.com.cn
凡购买本书，如有缺损质量问题，本社销售中心负责调换。

定　　价：32.00 元

《生物分离与纯化技术》（第二版）

编审人员

主　　编　邱玉华

副 主 编　陈　芬　吴旭乾

编写人员　（按姓名汉语拼音排列）

陈　芬（武汉职业技术学院）
韩　潇（长江职业学院）
黄百祺（广东科贸职业学院）
李　欣（广东科贸职业学院）
孟祥斌（常州工程职业技术学院）
邱玉华（常州工程职业技术学院）
宋彦廷（海南大学海洋学院）
汤　强（芜湖职业技术学院）
吴旭乾（武汉软件工程职业学院）
徐砺瑜（浙江经贸职业技术学院）
张　荟（天津渤海职业技术学院）

主　　审　赵怡红（常州工程职业技术学院）

张　华［常山生化药业（江苏）有限公司］
张寒春（常州千红生化制药股份有限公司）

前言
FOREWORD

21世纪是生命科学的时代，生物技术在医疗保健、农业、环保、轻化工、食品等重要领域对改善人类健康与生存环境、提高农牧业和工业产量与质量都发挥着越来越重要的作用。生物技术已经成为现代科技研究和开发的重点。2010年9月生物产业成为国家战略新兴产业之一，得到了各级政府的重点支持和培育。生物产业一般包括上游工程和下游加工过程，上游主要有基因工程、细胞工程和发酵工程等；下游加工过程即生物医药产品的分离纯化过程，其中涉及的技术统称为生物分离与纯化技术。生物分离与纯化技术是相关产业中使用最普遍的技术，是从事生物医药产品生产必须掌握的基本技术。高职高专院校生物类和制药类专业的学生，将是生产实践中生物技术的具体实施者和应用者，故熟练掌握生物分离与纯化技术的原理和关键技术是非常重要的。

生物分离与纯化技术是高职生物类和制药类专业的专业必修课程之一。为了培养适应生物产业发展的高素质技术应用性人才，适应我国高等职业教育的发展趋势，适应理论实践一体化的职业教育方法，本教材在一版的基础上作了较大的改变和创新：根据企业分离纯化岗位要求，引入生化药品提取工和分离纯化工职业资格标准，融入GMP管理理念和方法，按照一般分离纯化的步骤设置模块、技术设置单元，对产品生产工艺进行重新组织并分配实训任务，将技术原理、操作标准、注意事项、发展情况等知识融入各工作任务中，实现理论与实践的结合。

依照上述修订，学生可在相对真实的工作情境下完成真正生物物质的制备，不仅能熟练掌握破碎、过滤、超滤膜、离子交换等技术，而且能够切实感受不同技术或工艺间的相互关系，具备分离纯化技术的实践应用能力，从而加深理论知识的理解和对行业的了解，为从事生物物质的分离纯化工作打下良好的基础。教材的理论知识不仅坚持“够用、适度、实用”的原则，而且紧紧围绕各项技术应用展开，在结合实践的基础上讲解了技术的应用以及相关设备的使用，并及时吸收了相关的新知识、新技术、新方法和新工艺。

本书配有电子课件，可从 www. cipedu. com. cn 下载使用。

常州工程职业技术学院的邱玉华、孟祥斌，武汉职业技术学院的陈芬，武汉软件工程职业学院的吴旭乾，广东科贸职业学院的李欣、黄百祺，天津渤海职业技术学院的张荟，浙江经贸职业技术学院的徐砺瑜，芜湖职业技术学院的汤强，海南大学海洋学院的宋彦廷和长江职业学院的韩潇共同完成了本教材的编写工作。常州工程职业技术学院赵怡红教授、常州千红生化制药股份有限公司张寒春工程师和常山生化药业（江苏）有限公司张华工程师联合审定了本教材。

在编写过程中，我们得到了北京电子科技职业学院的辛秀兰教授、武汉软件工程职业技术学院的金学平教授、浙江经贸职业技术学院的张星海教授、重庆工贸职业技术学院的罗合春教授的关心和帮助，化学工业出版社给予了大力支持，在此表示衷心的感谢。由于编者能力和水平有限，难免有疏漏和不妥之处，敬请广大读者和同仁批评指正。

编者

2017 年 1 月

第一版 前言

FOREWORD

迅猛发展的现代生物技术是当代新技术革命的重要力量，正逐步实现产业化，且已渗透到医药、化工、环保、能源等行业，其产品的主要成分——生物物质对人类生活的影响日益突出，应用越来越广泛。生物物质的生产包括上游工程和下游加工过程。下游加工过程即生物物质的分离纯化过程，其中涉及的技术统称为生物分离与纯化技术。生物分离与纯化技术是相关产业中使用最普遍的技术，是从事生物物质生产必须掌握的基本技术。高职高专生物技术、生物制药专业的学生是生产实践中生物技术的具体实施者和应用者，熟练掌握生物分离与纯化技术的原理和关键技术是非常重要的。生物分离与纯化技术也是高职生物技术、生物制药专业的专业必修课程之一。

为了适应高职高专教学的特点，本书的理论部分坚持“够用、适度、实用”的原则，以生物物质的基本制备过程为主线，阐述了离心技术、细胞破碎技术、萃取技术、固相析出分离技术、色谱(层析)技术、膜分离技术和浓缩干燥技术等分离纯化技术的基本原理，在结合生产实践的基础上介绍了生物技术的应用以及相关设备的使用，并介绍了有关的新知识、新技术、新方法和新工艺。

为了适应生物技术产业发展需要，使学生对相关分离纯化技术实现“学得好、用得上、用得好”，本书专门安排了生物分离与纯化技术的实训内容。其中，单元操作实验主要是对学生进行各项分离纯化技术的训练，要求学生熟悉分离纯化实训的目的和基本要求，掌握各种仪器设备和分离方法的操作过程和技术要领，培养学生的动手能力以及分析解决问题的能力。在此基础上，学生通过部分生物物质的制备综合实训，能熟练地综合应用破碎、过滤、色谱(层析)、超滤膜、离子交换等技术进行生物物质的分离纯化、能够设计生物物质分离纯化的简单工艺流程和控制要点，从而进一步加深对理论知识的理解和对行业的了解，为从事生物物质的分离纯化工作打下良好的基础。实训项目参考了“教育部高等学校高职高专药品类专业教学指导委员会”制定的“高等职业教育生物制药技术专业实训项目与设备配置推荐方案”，并进行了一定的综合和创新，使其符合不同院校的实际情况，更适应教学要求。

本书由高等职业技术学院的生物技术、生物制药专业教师结合自身的教学经验和实践应用知识共同编写完成。在编写过程中，北京电子科技职业学院的辛秀兰教授，浙江经贸职业技术学院的张星海副教授、秦钢老师，重庆工贸职业技术学院的罗合春副教授，武汉软件工程职业学院的金学平副教授提出了宝贵的建议和意见，化学工业出版社给予了大力支持和帮助，在此表示衷心的感谢。

由于编者水平有限，书中难免有不妥之处，敬请广大读者和同仁批评指正。

编者

2007 年 4 月

CONTENTS

目录

《生物分离与纯化技术》学习指南 001

模块一 感知生物分离纯化技术

单元一 Page

认识生物分离纯化的对象和目标 004

【学习目标】 004
【基础知识】 004
一、生物活性物质 004
二、生物物质来源 006
【复习思考】 007

单元二 Page

熟悉生物分离纯化技术 008

【学习目标】 008
【基础知识】 008
一、分离纯化技术 008
二、分离纯化基本原理 008
三、生物分离纯化的特点 010
四、分离纯化的基本步骤 011
【体验实训】牛乳中酪蛋白和乳蛋白粗品的分离 012
【拓展知识】生物分离纯化技术的发展 013
【复习思考】 014

单元三 Page

熟悉分离纯化的策略 015

【学习目标】 015
【基础知识】 015
一、分离纯化方法选择的原则 015
二、原材料选择与成品保存 016
三、分离纯化的准备工作 018

四、分离纯化技术的综合运用与工艺优化 019
五、分离纯化工艺的中试放大 021
【复习思考】 023

模块二　生物材料预处理

单元一 Page
发酵液的凝聚和絮凝 026
【学习目标】 026
【基础知识】 026
一、发酵液的特性 026
二、发酵液中杂质的去除方法 026
三、发酵液的凝聚 028
四、发酵液的絮凝 029
【实训任务】青霉素发酵液的预处理（0102） 031
【拓展知识】亲和絮凝 032
【复习思考】 032

单元二 Page
细胞的破碎 033
【学习目标】 033
【基础知识】 033
一、细胞破碎 033
二、细胞壁的基本结构 033
三、细胞壁的结构和细胞破碎的关系 035
四、细胞破碎的方法 035
五、细胞破碎效果的检查 040
【实训任务1】α-干扰素基因工程菌的破碎(0202) 041
【实训任务2】细胞色素c的粗提(0301) 042
【拓展知识】细胞破碎技术的研究方向 044
【复习思考】 044

模块三　固体分离

单元一 Page
过滤分离 048
【学习目标】 048
【基础知识】 048

一、 过滤的基本原理 048
二、 过滤的分类 048
三、 过滤介质 049
四、 过滤装置 050
五、 过滤的影响因素 052
【实训任务】 青霉素发酵液的过滤（0101） 053
【拓展知识】 膜过滤技术的发展 056
【复习思考】 057

单元二 Page
离心分离 058
【学习目标】 058
【基础知识】 058
一、 离心分离的基本原理 058
二、 离心分离的方法 058
三、 离心机 060
四、 影响离心效果的因素 062
【实训任务】 α-干扰素基因工程菌发酵菌体的收集（0201） 062
【拓展知识】 生物工业中几种常见的离心机 064
【复习思考】 067

模块四 可溶性组分的分离

单元一 Page
吸附分离 070
【学习目标】 070
【基础知识】 070
一、 吸附分离技术 070
二、 吸附剂、 展开剂和洗脱剂 071
三、 影响吸附分离的因素 073
四、 柱吸附分离操作 073
【实训任务】 细胞色素 c 的吸附分离（0302） 076
【拓展知识】 薄层吸附分离操作 077
【复习思考】 080

单元二 Page
溶剂萃取 081
【学习目标】 081

【基础知识】 081
一、溶剂萃取技术 081
二、分配定律 081
三、萃取剂的选择 082
四、影响萃取的主要因素 082
五、溶剂萃取流程 083
六、萃取设备 084
【实训任务】青霉素的萃取和萃取率的测定(0103) 085
【拓展知识】其他萃取技术 088
【复习思考】 089

单元三 Page
盐析法沉淀蛋白质 090

【学习目标】 090
【基础知识】 090
一、盐析法及其原理 090
二、盐析法常用的盐类及其选择 091
三、影响盐析的因素 092
四、盐析操作过程及其注意事项 093
【实训任务1】盐析法制备血清中的白蛋白(0401) 094
【实训任务2】盐析法提纯细胞色素c(0303) 096
【拓展知识】血浆蛋白 097
【复习思考】 099

单元四 Page
有机溶剂沉淀蛋白质 100

【学习目标】 100
【基础知识】 100
一、有机溶剂沉淀法及其原理、特点 100
二、常用的有机溶剂及其选择依据 101
三、影响有机溶剂沉淀的因素 101
【实训任务】血清中免疫球蛋白的分离纯化(0402) 103
【拓展知识】其他沉淀方法 104
【复习思考】 105

模块五 目标产物的纯化

单元一 Page
离子交换色谱分析 108

【学习目标】 108

【基础知识】 108
一、离子交换色谱技术 108
二、离子交换分离的过程 108
三、离子交换树脂 109
四、离子交换体系 113
五、离子交换色谱的操作过程 114
【实训任务1】离子交换色谱分离 α-干扰素(0203) 117
【实训任务2】离子交换色谱纯化细胞色素c(0304) 119
【拓展知识】离子交换设备 121
【复习思考】 122

单元二 Page
凝胶色谱分离 124

【学习目标】 124
【基础知识】 124
一、凝胶色谱分离技术及其分类、特点 124
二、凝胶色谱基本原理 125
三、凝胶色谱介质 126
四、凝胶过滤介质的选择 128
五、影响凝胶色谱分离的因素 128
六、凝胶色谱分离操作 129
七、凝胶色谱技术的应用 132
【实训任务1】凝胶色谱法分离血红蛋白(0403) 133
【实训任务2】凝胶色谱法纯化 α-干扰素(0204) 135
【拓展知识】亲和色谱分离技术 137
【复习思考】 139

模块六 产品精制

单元一 Page
超滤浓缩 142

【学习目标】 142
【基础知识】 142
一、超滤技术 142
二、超滤膜 142
三、超滤的特点和影响因素 144
【实训任务】α-干扰素的超滤浓缩(0205) 145
【拓展知识】超滤技术的应用 147

【复习思考】 147

单元二 Page

结晶 149

【学习目标】 149
【基础知识】 149
一、 结晶及其原理 149
二、 结晶的过程 150
三、 影响结晶的主要因素 152
四、 结晶操作 153
【实训任务】 青霉素的结晶(0104) 154
【拓展知识】 抗生素与青霉素 155
【复习思考】 156

单元三 Page

真空冷冻干燥 157

【学习目标】 157
【基础知识】 157
一、 水的状态平衡图 157
二、 真空冷冻干燥 158
三、 真空冷冻干燥机 159
四、 生物物质和医药产品的冷冻干燥 160
【实训任务】 白蛋白和免疫球蛋白的冷冻干燥(0404) 161
【拓展知识】 真空冷冻干燥技术的应用 162
【复习思考】 163

附录 Page 164

参考文献 Page 168

《生物分离与纯化技术》学习指南

（本书配有立体化教学资源，目前可登陆“教学资源网”获取。2018 年重印本将配备二维码教学资源，望广大读者支持与关注。）

本教材按照生物活性物质分离纯化的一般流程设计模块，适合于模块教学。每个模块按照技术分设若干个单元，每个单元坚持理论与实践结合的原则，将基础知识和实训任务统一安排。实训任务是依据产品制备工艺结合教学实际优化而成。若干个相关联的实训任务不仅组成了一个产品制备的完整工艺，也组成了一个教学项目，可实施项目化教学。由于一些技术既可用于去除杂质，又适用于获得目标产物，故每个项目的任务次序和模块教学的单元（技术）安排次序并不统一，因此实施项目化教学需要特别注意任务的次序，详见下表。

生物分离与纯化技术项目任务安排表

项目名称	任务名称	任务编号	模块名称	单元名称
青霉素的提取与精制	青霉素发酵液的过滤	0101	模块三 固液分离	单元一 固液过滤分离
	青霉素发酵液的预处理	0102	模块二 生物材料预处理	单元一 发酵液的凝聚和絮凝
	青霉素的萃取和萃取率的测定	0103	模块四 可溶性组分的分离	单元二 溶剂萃取
	青霉素的结晶	0104	模块六 产品精制	单元二 结晶
α-干扰素的制备	α-干扰素发酵菌体的收集	0201	模块三 固液分离	单元二 离心分离
	α-干扰素基因工程菌的破碎	0202	模块二 生物材料预处理	单元二 细胞的破碎
	离子交换色谱分离 α-干扰素	0203	模块五 目标产物的纯化	单元一 离子交换色谱分析
	凝胶色谱法纯化 α-干扰素	0204	模块五 目标产物的纯化	单元二 凝胶色谱分离
	α-干扰素的超滤浓缩	0205	模块六 产品精制	单元一 超滤浓缩
细胞色素 c 的制备	细胞色素 c 的粗提	0301	模块二 生物材料预处理	单元二 细胞的破碎
	细胞色素 c 的吸附分离	0302	模块四 可溶性组分的分离	单元一 吸附分离
	盐析法提纯细胞色素 c	0303	模块四 可溶性组分的分离	单元三 盐析法沉淀蛋白质
	离子交换色谱纯化细胞色素 c	0304	模块五 目标产物的纯化	单元一 离子交换色谱分析
血液蛋白的分离与精制	盐析法制备血清中的白蛋白	0401	模块四 可溶性组分的分离	单元三 盐析法沉淀蛋白质
	血清中免疫球蛋白的分离纯化	0402	模块四 可溶性组分的分离	单元四 有机溶剂沉淀蛋白质
	凝胶色谱法分离血红蛋白	0403	模块五 目标产物的纯化	单元二 凝胶色谱分离
	白蛋白和免疫球蛋白的冷冻干燥	0404	模块六 产品精制	单元三 真空冷冻干燥

模块一

感知生物分离纯化技术

单元一

认识生物分离纯化的对象和目标

【学习目标】

1. 理解生物活性物质。
2. 熟悉生物活性物质的种类。
3. 熟悉生物活性物质的来源。

思考

1. 牛乳中主要有哪些成分？ 它们的主要功能分别是什么？
2. 血液中哪些成分可以制成药品？ 它们分别有什么作用？
3. 大自然中， 哪些生物材料含有蛋白质？ 试举例并归类。

【基础知识】

一、 生物活性物质

地球上的生物体，无论是动物、植物还是微生物，其化学组成非常复杂，有单糖、双糖、多糖和糖的衍生物，有氨基酸、多肽和蛋白质，有碱基、核苷酸、核酸及其衍生物，有磷脂、脂肪酸、胆固醇，还有维生素、激素及各种酶等，从无机物到有机物，从小分子到大分子，应有尽有，它们不仅是各个生物的物质基础，也是生物体的能量源泉，更是所有生命活动的参与者。

那些天然存在于生物体内或利用现代生物工程技术以生物为载体合成的、具有复杂结构或组成成分的、直接参与生物机体新陈代谢过程或与生物各种功能产生生物活化效应的物质，称为生物活性物质，也称为生物物质。

生物物质的种类繁多，分布很广，按照其化学本质和特性来分，常见的有如下一些类型。

1. 氨基酸及其衍生物类

氨基酸及其衍生物主要包括天然氨基酸及其衍生物，这是一类结构简单、分子最小、易制备的生物物质，约有60种。目前主要生产的品种有谷氨酸、赖氨酸、天冬氨酸、精氨酸、半胱氨酸、苯丙氨酸、苏氨酸和色氨酸等。其中谷氨酸的产量最大，约占氨基酸总产量的80%。

2. 活性多肽类

活性多肽是指由多种氨基酸按一定顺序连接起来的链状化合物，分子量一般较小，多数无特定空间构象。多肽在生物体内浓度很低，但活性很强，对机体生理功能的调节起着非常重要的作用。主要有多肽类激素，目前已应用于临床的多肽药物达20种以上。

3. 蛋白质类

这类生物物质主要有简单蛋白和结合蛋白（包括糖蛋白、脂蛋白、色蛋白等）两类。简单蛋白又称为单纯蛋白，这类蛋白质只由氨基酸组成肽链，不含其他成分，如清蛋白、球蛋白、醇溶谷蛋白、硬蛋白、干扰素、胰岛素、生长素、催乳素等。结合蛋白是由简单蛋白与其他非蛋白成分（如核酸、脂质、糖类、血红素等辅基）结合而成，如促甲状腺激素、垂体促性腺激素等糖蛋白激素，尿抑胃素、胃膜素、硫酸糖肽等黏性糖蛋白类，血浆糖蛋白及纤维蛋白原、丙种球蛋白等其他糖蛋白类。

从20世纪90年代开始，特异免疫球蛋白制剂和细胞生长因子受到高度关注，如丙种球蛋白A、丙种球蛋白M、抗淋巴细胞球蛋白等已广泛用于原发性免疫球蛋白缺陷和一些病毒病的临床治疗。细胞生长因子是在体内对动物细胞的生长具有调节作用，并在靶细胞上具有特异受体的一类物质。它不是细胞的营养生长因子，目前已经应用于临床的有神经生长因子（NGF）、表皮生长因子（EGF）、成纤维细胞生长因子（PGF）、集落细胞刺激因子（CSF）、促红细胞生成素（EPO）以及淋巴细胞生长因子等。

4. 酶类

酶是一种生物催化剂，是具有生物催化功能的生物大分子（蛋白质或RNA）。随着近年来现代生物技术的发展，作为商品的酶制剂已经广泛应用于食品工业、医药、化工、纺织、环保和能源等行业。它主要包括工业用酶（如α-淀粉酶、β-淀粉酶、果胶酶、糖化酶、蛋白酶、纤维素酶、脂肪酶等）、医疗用酶（如消化酶、抗炎酶、循环酶、抗癌酶、酶诊断试剂等）、基因工程工具酶（如各种限制性内切酶、外切酶等）。

5．核酸及其降解物类

核酸及其降解物主要包括核酸碱基及其衍生物、腺苷及其衍生物、核苷酸及其衍生物和多核苷酸等，约有60种。

6．糖类

糖类主要包括单糖、低聚糖、聚糖和糖的衍生物，其中一些功能性的低聚糖（如海藻糖）和聚糖中的一些微生物黏多糖（如香菇多糖）在糖类中占有重要的地位，日益显示出较强的生化作用和较好的临床医疗效果。

7．脂质类

脂质类具有相似的非水溶性，但其化学结构差异较大、生理功能较广泛，主要包括磷脂类、多价不饱和脂肪酸、固醇、前列腺素、卟啉以及胆酸类等。

8．动物器官或组织制剂

这是一类化学结构、有效成分尚不完全清楚，但在临床上确有一定疗效的药物，俗称“脏器制剂”，截至目前已有近40种，如动脉浸液、脾水解物、骨宁、眼宁等。

9．小动物制剂

小动物制剂主要有蜂王浆、蜂胶、地龙浸膏、水蛭素等。

10．菌体制剂

菌体制剂主要包括活菌体、灭活菌体及其提取物制成的药物，如微生物肥料制剂、畜牧业饲用微生物制剂、污水处理微生物制剂以及用于医疗上的乳酶生、促菌生、酵母制剂等。

随着对各种生物物质认识的不断加深，尤其是对它们的生物功能越来越清楚，它们的应用便越来越广泛，越来越深入，在医药、农林牧渔、环保等产业中都有涉及。

二、 生物物质来源

上述各种生物活性物质主要来自它们广泛存在的各种生物资源中，包括天然的生物体及其组织、器官与现代生物工程技术改造的生物体等，这些含有生物活性物质的生物资源也称为生物材料，目前普遍利用的有以下几种。

1．动物器官与组织

动物器官与组织包括猪、牛、羊等的肝脏、胰腺、乳腺，以及鸡胚胎等。从海洋生物的器官与组织中获得生物活性物质是重要的发展趋势。

2．植物器官与组织

植物器官与组织含有很多药用活性成分。转基因植物可产生大量以传统方式很难获得的生物物质。

3．微生物及其代谢产物

从细菌、放线菌、真菌和酵母菌的初级代谢产物中可获得氨基酸和维生素等，次级代谢产物中可获得青霉素和四环素等抗生素。基因工程的发展使得通过微生物培养获得大量其他生物活性物质成为可能。

4．细胞培养产物

细胞培养技术的发展使得从动物细胞、昆虫细胞中获得较高应用价值的生物活性物质成为可能，且发展迅速，应用越来越广泛，前景广阔。

5．血液、分泌物及其他代谢物

人和动物的血液、尿液、乳汁和胆汁、蛇毒等其他分泌物与代谢产物也是生物物质的重要来源。

【复习思考】

1. 什么是生物物质？主要指哪些物质？
2. 生物物质的来源有哪些？

单元二

熟悉生物分离纯化技术

【学习目标】

1. 理解生物物质分离纯化的本质。
2. 熟悉生物分离纯化技术。
3. 理解生物分离纯化的特点。
4. 熟悉生物物质分离纯化的基本步骤。

【基础知识】

一、 分离纯化技术

从生物材料中获得生物活性物质的过程，称为生物活性物质的分离纯化，其中涉及的技术统称为生物分离纯化技术。现代生物产业中，一般将生物材料的加工称为上游过程，其涉及的技术称为上游技术，主要有微生物发酵技术、细胞培养技术、酶工程技术、基因工程技术等；生物活性物质的分离纯化称为下游过程，其涉及的技术称为下游技术，即分离纯化技术。

二、 分离纯化基本原理

生物活性物质在经过上游加工后，通常是由一些生物细胞、细胞或组织外分泌物、细胞内代谢产物、残存底物以及其他组分组成的混合物，这些混合物有些是均相混合物，有些是非均相混合物。

无论是均相混合物还是非均相混合物，其分离的本质是有效识别混合物中不同组分间物理、化学和生物学性质的差别，利用能够识别这些差别的分离介质或扩大这些差别的分离设备来实现组分间的分离或目标产物的纯化。

因此，混合物中不同组分之间的物理、化学、生物学性质是确定生物物质分离纯化技术和工艺的依据（表 1-1），这些性质包括以下几个方面。

1．物理性质

① 分子形状、大小。包括密度、几何尺寸和形状。利用这些性质差别，可采用差速离心与超离心、重力沉降、膜分离、凝胶过滤等分离纯化方法。

② 溶解度、挥发性。利用这些性质的分离方法很多，如蒸馏、蒸发、萃取、沉淀与结晶、泡沫分离等。

③ 分子极性（即电荷性质）。包括溶质的电荷特性、电荷分布、等电点等，生产中电色谱、离子交换、电渗析、电泳、等电点沉淀就是利用这些性质进行分离的。

④ 流动性。包括黏度、在特定溶液中的扩散系数等。利用溶质的流动性差别直接进行分离纯化的操作较少，但它在很多分离纯化操作单元（如萃取、离心）中发挥重要作用。

2．化学性质

① 分子间的相互作用。包括分子间的范德瓦耳斯力、氢键、离子间的静电引力及疏水作用大小等，如分离纯化中电渗析、离子交换色谱等就是依据这些性质进行的。

② 分子识别。即是通过目标产物与某些分离纯化介质上的活性中心、基团进行的专一性结合，如亲和色谱操作。

③ 化学反应。主要是使目标产物通过与其他试剂发生特定的化学反应，使目标产物的理化性质、生物学性质发生改变，而使目标产物易于采用其他方法从混合物中分离纯化出来，如谷氨酸工业生产中的锌盐沉淀法。

3．生物学性质

生物学性质的应用是生物物质分离纯化所特有的。它的主要特征是生物大分子之间的分子识别和特异性结合。蛋白质、核酸、病毒等物质的亲和分离就是利用这种性质。

表 1-1　生物物质分离纯化技术和工艺选择的依据

性质依据	分离纯化技术	分离纯化产物
分子大小、形状	离心	菌体、细胞碎片、蛋白质
	超滤	蛋白质、多糖、抗生素
	微滤	菌体、细胞
	透析	尿素、盐、蛋白质
	电渗析	氨基酸、有机酸、盐、水
	凝胶过滤色谱	盐、分子大小不同的蛋白质
溶解性、挥发性	萃取	氨基酸、有机酸、抗生素、蛋白质、香料
	盐析	蛋白质、核酸
	结晶	氨基酸、有机酸、抗生素、蛋白质
	蒸馏	乙醇、香精
	等电点沉淀	蛋白质、氨基酸
	有机溶剂沉淀	蛋白质、核酸

续表

性质依据	分离纯化技术	分离纯化产物
带电性	电泳	蛋白质、核酸、氨基酸
	离子交换色谱	氨基酸、有机酸、抗生素、蛋白质、核酸
	等电点沉淀	蛋白质、氨基酸
化学性质	电渗析	氨基酸、有机酸、盐、水
	离子交换色谱	氨基酸、有机酸、抗生素、蛋白质、核酸
	亲和色谱	蛋白质、核酸
生物功能特性	亲和色谱	蛋白质、核酸
	疏水色谱	蛋白质、核酸

三、 生物分离纯化的特点

大多生物活性物质具有生理活性和药理作用，其活性的大小直接影响它们的终极应用，而且其对外界条件非常敏感，过酸、过碱、热、光、剧烈振荡等都有可能导致其丧失活性。因此，生物物质的分离纯化操作具有不同于其他物质分离纯化的一些显著特点。

1. 环境复杂、 分离纯化困难

① 目标产物来源的生物材料中常含有成百上千种杂质，形成的混合物组成相当复杂，何况某些组分的性质与目标产物具有很多理化方面的相似性。

② 不同生物材料成分的差别导致分离纯化过程中处理对象理化性质的差别，比如赖氨酸，因水解液和发酵液的组成成分差别，决定了在赖氨酸的分离纯化中不可能采用相同的生产工艺。

2. 含量低、 工艺复杂

目标产物在生物材料中的含量一般都很低，有时甚至是极微量的，如胰腺中，脱氧核糖核酸酶的含量为0.004%、胰岛素含量为0.002%。因此，要从庞大体积的原料中分离纯化到目标产物，通常需要进行多次提取、分离、高度浓缩等处理，这也是造成生物分离纯化成本增加的原因之一。

3. 稳定性差、 操作要求严格

生物物质的稳定性较差，易受周围环境及其他杂质的干扰，过酸、过碱、热、光、剧烈振荡以及某些化学药物存在等都可能使其生物活性降低甚至丧失。因此，对分离纯化过程的操作条件有严格的限制，尤其是蛋白质、核酸、病毒类基因治疗剂等生物大分子，在分离纯化过程中通常需要采用添加保护剂、采用缓冲系统等措施以保持其高活性。

4. 目标产物最终的质量要求很高

由于许多生物产品是医药、生物试剂或食品等精细产品，其质量的好坏与人们的生活、健康密切相关，因此，这类产品通常要求必须达到药典、试剂标准和食品规范的要求。如蛋白质药物，一般规定杂蛋白含量小于2%，而重组胰岛素中的杂蛋白应小于0.01%，不少产品还要求是稳定的无色晶体。

5．最终产品纯度均一性的证明与化学分离上纯度的概念并不完全相同

由于绝大多数生物产品对环境反应十分敏感、结构与功能关系比较复杂、应用途径多样化，故对其均一性的评定常常是有条件的，或者通过不同角度测定，最后综合得出相对的“均一性”结论。只凭一种方法所得纯度的结论往往是片面的，甚至是错误的。

四、 分离纯化的基本步骤

每一种生物物质在结构、理化性质、生物学性质上千差万别，加之原材料的来源、最终产品的用途等也有所不同。因此，不同的生物物质有多种不同的分离纯化手段，即便是同一种物质，不同技术路线或生产线也可采取不同的分离纯化工艺。但大多数生物物质的分离纯化有一个基本框架，即常常按生产过程的顺序分为以下几个步骤。

1．原材料的预处理

该步骤的目的是将目标产物从起始原材料（如器官、组织或细胞）中释放出来，同时保护目标产物的生物活性。

2．颗粒性杂质的去除

由于技术和经济原因，在这一步骤中能选用的单元操作相当有限，过滤和离心是基本的单元操作。为了加速固-液两相的分离，可同时采用凝聚和絮凝技术；为了减少过滤介质的阻力，可采用错流膜过滤技术，但这一步对产物浓缩和产物质量的改善作用不大。

3．可溶性杂质的去除和目标产物的初步纯化

如果产物在滤液中，若要求通过这一步骤能除去与目标产物性质有很大差异的可溶性杂质，使产物浓度和质量都有显著提高，常需经过一个复杂的多级加工程序，单靠一个单元操作是不可能完成的。这步可选的单元操作范围较广，如吸附、萃取和沉淀。

4．目标产物的精制

该步骤仅有有限的几类单元操作可选用，但这些技术对产物有高度的选择性，用于除去有类似化学功能和物理性质的可溶性杂质，典型的单元操作有色谱分析、电泳和沉淀等。

5．目标产物的成品加工

产物的最终用途和要求决定了最终的加工方法，浓缩和结晶常常是操作的关键，大多数产品必须经过干燥处理，有些还须进行必要的后加工处理（如修饰、加

入稳定剂）以保护目标产物的生物活性。

【体验实训】

牛乳中酪蛋白和乳蛋白粗品的分离

一、 实验器材

磁力搅拌器、pH 计、离心机、真空泵、布氏漏斗、烧杯、表面皿、玻璃试管、离心管。

二、 材料和试剂

1. 材料：牛乳；细布、pH 试纸。
2. 试剂：无水硫酸钠、氢氧化钠、浓盐酸、乙醇。

三、 操作步骤

1. 盐析法制备酪蛋白

① 将 50mL 牛乳倒入 250mL 烧杯中，于 40℃水浴中加热并搅拌。

② 在搅拌下缓慢加入 10g 无水硫酸钠（约 10min 内分次加入），之后再继续搅拌 10min。

③ 将溶液用细布过滤，分别收集沉淀和滤液。将上述沉淀悬浮于 30mL 乙醇中，倾于布氏漏斗中，过滤除去乙醇溶液，抽干。将沉淀从布氏漏斗中移出，在表面皿上摊开以除去乙醇，干燥后得到酪蛋白。准确称量。

2. 等电点沉淀法制备乳蛋白素

① 将操作步骤 1 所得的滤液置于 100mL 烧杯中，一边搅拌一边利用 pH 计以浓盐酸调整 pH 至 3.0±0.1。

② 6000r/min 离心 15min，倒掉上清液。

③ 在离心管内加入 10mL 去离子水，振荡，使管内下层物重新悬浮，用 0.1mol/L 氢氧化钠溶液调整 pH 至 8.5～9.0（以 pH 试纸或 pH 计判定），此时大部分蛋白质均会溶解。

④ 6000r/min 离心 10min，将上清液倒入 50mL 烧杯中。

⑤ 将烧杯置于磁力搅拌器上，一边搅拌一边利用 pH 计用 0.1mol/L 盐酸调 pH 至 3.0。

⑥ 6000r/min 离心 10min，倒掉上清液。沉淀取出干燥，并称重。

体验总结

通过上述实训体验，请试着分析：

1. 实训中使用了哪些技术方法?

2. 牛乳中酪蛋白和乳蛋白能分离主要是因为什么?

3. 试想一下，如果将溶液中的两种生物活性物质分离，可以利用它们哪些性质差异?

【拓展知识】

生物分离纯化技术的发展

一、 生物分离纯化技术的发展历史

生物物质的分离纯化是随着化学分离与纯化工程技术的发展而发展起来的，大体上来讲，它主要经历了三个主要发展时期。

1. 原始分离纯化时期

从 19 世纪 60 年代开始，传统发酵技术进入了近代发酵工业产业化阶段。到 20 世纪上半叶，还逐步开发了用发酵法生产乙醇、丙酮、丁醇等产品的技术。由于这些产品大多属于嫌氧发酵过程的产物，化学结构比原料更简单，主要采用压滤、蒸馏或精馏等设备分离。

2. 传统化学工业分离纯化方法在生物产品生产中的推广使用时期

第二次世界大战以后，抗生素、氨基酸、有机酸等一大批用发酵技术制造的产品进入了工业化生产阶段。这些产品类型多，分子结构较为复杂，不但有初级代谢产物，也出现了次级代谢产物，产品的多样性对分离纯化方法的多样性提出了更高的要求。很多用于传统化学工业的分离纯化方法在生物产品的生产中得到推广使用。

3. 分离纯化技术的快速发展时期

自 20 世纪 70 年代中期以来，由于基因工程、酶工程、细胞工程、发酵工程及生化工程的迅速发展，国际上也注意到了发展下游加工过程对现代生物技术及其产业化的重要性，许多发达国家的生产企业纷纷加强研究力量，增加投入，组建专门研究机构，不断推出一代又一代的新产品，使得分离纯化技术得到迅速发展。

目前一些分离纯化技术如回收技术（包括絮凝、离心、过滤、微过滤等）、细胞破碎技术（包括珠磨破碎、压力释放破碎、冷冻加压释放破碎、化学破碎等）、初步纯化技术（包括盐析、有机溶剂沉淀、各种化学沉淀，大网格树脂吸附、膜分离、超滤等）、高度纯化技术（包括亲和色谱、疏水色谱、聚焦色谱等）、干燥与结晶技术等已达到工业应用水平。这些分离纯化技术和设备研究开发的成功，使现代生物技术的发展取得重大突破，胰岛素、乙肝疫苗和促红细胞生长素等一批基因工程和细胞工程产品陆续进入了工业化生产阶段，一些传统发酵产品的经济效益也得到了显著提高。

二、 分离纯化技术的发展趋势

无论是高价生物技术产品，还是批量生产的传统产品，企业产品的竞争优势最终归结于低成本、高纯度和高价值。因此，在今后一段时期内，生物产品的分离纯化技术将以成本控制、质量控制和追求高价值作为发展的动力和方向，呈现以下特点。

1．正确对待“新”“老” 技术， 推进多种分离纯化技术相结合

传统分离纯化技术属于目前生物产品生产领域中“量大面广”的技术，在生产技术人员的培训和设备成本上仍具有很大的优势，所以不应忽视。

迅速发展中的新兴分离纯化技术，在分离一些高技术产品、简化生产工艺方面具有很大的优势，但这些新技术中很多还处于实验室阶段，其应用的广度和技术稳定性还有待于进一步的探索。

当前生物分离纯化技术发展的一个主要倾向是多种分离纯化技术和“新”“老”技术的相互交叉、渗透与融合。

2．强化化学作用对分离纯化过程的影响

① 通过选择适当的分离剂或向分离体系投入附加组分，增大分离因子，强化化学作用对体系分离能力的影响。

②利用一些相转移促进剂来增大相间的传质速率，强化化学作用对相界面传质速率的影响。

3．注重上游生产技术的改进， 简化分离纯化过程

①利用固定化细胞技术构建新的酶反应器。

②利用基因工程技术构建新的目标产物工程菌株。

③改进微生物培养和发酵条件，提高产物的得率。

4．注重经济效益的同时， 逐渐由环境污染向清洁生产工艺转变

确保工厂排污更符合环保要求，保证原材料、能源的高效利用，并尽可能地确保未反应的原材料和水的循环利用。

【复习思考】

1．什么是生物分离纯化技术？它的特点有哪些？

2．生物分离纯化的本质是什么？其主要依据有哪些？

3．生物分离纯化的基本步骤有哪些？请列举每个步骤所涉及的主要技术。

单元三

熟悉分离纯化的策略

【学习目标】

1. 熟悉分离纯化方法选择的原则。
2. 理解生物原材料选择和成品保存的方法。
3. 了解分离纯化前的准备工作。
4. 熟悉分离纯化技术的综合运用。
5. 熟悉分离纯化工艺优化和中试放大。

【基础知识】

一、 分离纯化方法选择的原则

生物物质能否高效率、低成本地制备成功，关键在于分离纯化方案的正确选择和各个分离纯化方法实验条件的探索。选择与探索的依据就是目标产物与杂质之间的生物学和物理化学性质上的差异。从生物物质分离纯化的特点可以看出，分离纯化方案必然是千变万化的。因此，要想使我们的目标产品尽可能达到低成本、高产量、高质量的生产目的，就涉及分离纯化策略的问题，这对于每一个从事分离纯化技术的工作者来说都是十分重要的。S. D. Roe 以蛋白质的分离纯化为例，提出制定蛋白质分离纯化工艺设计时应考虑的如下若干条原则。

① 技术路线、工艺流程尽量简单化。

② 尽可能采用低成本的材料与设备。

③ 将完整工艺流程划分为不同的工序。

④ 注意时效性，应优选可缩短各工序分离纯化时间的加工条件。

⑤ 采用成熟技术和可靠设备。

⑥ 分离纯化开始前编写、备好书面标准操作程序等技术文件，对分离纯化过

程进行记录。

⑦ 以适宜方法检测纯化过程的产物产量和活性，对纯化过程进行监控。

尽管以上原则是从蛋白质分离纯化长期积累经验中总结出来的，但对于多糖、核酸及脂类等绝大多数生物物质的分离纯化工艺开发工作也有借鉴作用。

二、原材料选择与成品保存

（一）原材料的选择

选取生物材料时需考虑其来源、目的物含量、杂质的种类、价格、材料的种属特性等，其原则是要选择富含所需目的物、易于获得、易于提取的无害生物材料。

1. 来源

选材时应选用来源丰富的生物材料，做到尽量不与其他产品争原料，且最好能综合利用。如罗汉果和甜叶菊中都含有甜苷类物质，它们在甜度、用途、性质上十分接近，到底选用哪一种原料来生产甜味剂，就必须根据原料市场、地域、产品用途等多种因素加以考虑。

2. 与目标产物含量相关的因素

生物材料中目标产物含量的高低，直接关系到终产品的价格，在选择生物材料时须从以下几个方面加以考虑。

（1）合适的生物品种　根据目标产物的分布，选择富含目标产物的生物品种是选材的关键。如制备催乳素，不能选用禽类、鱼类、微生物，应以哺乳动物为材料。

（2）合适的组织器官　不同组织器官所含目标产物的量与种类以及杂质的种类、含量都有所不同，只有选择合适的组织器官提取目标产物才能较好地排除杂质干扰，获得较高的收率，保证产品的质量。如制备胃蛋白酶只能选用胃为原料；免疫球蛋白只能从血液或富含血液的胎盘组织中提取。血管舒缓素虽可从猪胰腺和猪颚下腺中提取，两者获得的血管舒缓素并无生物学功能的差别，但考虑提取时目标产物的稳定性，却以猪颚下腺来源为好，因其不含蛋白水解酶。难于分离的杂质会增加工艺的复杂性，严重影响收率、质量和经济效益。

（3）生物材料的种属特异性　由于生物体间存在着种属特性关系，因而使许多内源性生理活性物质的应用受到了限制。如用人脑垂体分泌的生长素治疗侏儒症有特效，但用猪脑垂体制备的生长素则对人体无效；牛胰中提取的牛胰岛素活性单位比猪胰岛素高（牛为 40000 IU/kg，猪为 3000 IU/kg），但在抗原性方面猪胰岛素比牛胰岛素低。

（4）合适的生长发育阶段　生物在不同的生长、发育期合成不同的生化成分，所以生物的生长期对目标产物的含量影响很大。如提取胸腺素，因幼年动物的胸腺比较发达，而老龄后胸腺逐渐萎缩，因此脑腺原料必须来自幼龄动物。

(5) 合适的生理状态　生物在不同生理状态时所含生化成分也有差异，如动物饱食后宰杀，胰脏中的胰岛素含量增加，对提取胰岛素有利，但因胆囊收缩素的分泌使胆汁排空，对收集胆汁则不利；从鸽肝中提取乙酰氧化酶时，先将鸽饥饿后取材可减少肝糖原的含量，以减少其对纯化操作的干扰。

(二) 天然生物材料的采后处理

天然生物材料采集后能及时投料最好，否则应采用一定的方式处理，其原因如下。

① 组织器官离体后，其细胞易破裂并释放多种水解酶，引起细胞自溶，导致目标产物失活或降解。

② 生物材料离体后，易受微生物污染，导致目标产物失活或降解。

③ 生物材料离体后，易受光照、氧气等的作用，导致其分子结构发生改变。

如胰脏采摘后要立即速冻，防止胰岛素活力下降；胆汁在空气中久置，会造成胆红素氧化。因此，天然生物材料采集后须经过一些采后处理措施。一般植物材料须进行适当的干燥后再保存；动物材料需经清洗后速冻、有机溶剂脱水或制成丙酮粉在低温下保存。

(三) 生物产品的保存

生物物质制成品的正确保存极为重要，一旦保存不当，样品会失活、变性、变质，使前面的全部制备工作化为乌有，损失惨重，前功尽弃。

1. 影响生物大分子样品保存的主要因素

(1) 空气　空气中微生物的污染可使样品腐败变质，样品吸湿后会引起潮解变性，同时也为微生物污染提供了有利的条件。某些样品与空气中的氧接触会自发引起游离基链式反应，还原性强的样品易氧化变质和失活，如维生素C、巯基酶等。

(2) 温度　每种生物大分子都有其稳定的温度范围，温度升高10℃，氧化反应、酶促反应进行的可能性大大增加。因此通常绝大多数样品都是低温保存，以抑制氧化、水解等化学反应和微生物的繁殖。

(3) 水分　包括样品本身所带的水分和由空气中吸收的水分。水可以参加水解、酶解、水合，加速氧化、聚合、离解和霉变。

(4) 光线　某些生物物质可以吸收一定波长的光，发生光催化反应如变色、氧化和分解等，尤其日光中的紫外线能量大，对生物物质影响最大。因此生物物质制成品通常都要避光保存。

(5) pH　保存液态生物物质制成品时应注意其稳定的pH范围，通常可从文献和手册中查得或通过试验求得，因此正确选择保存液态生物物质制成品的缓冲剂(包括种类、浓度)十分重要。

(6) 时间　生物物质和绝大多数商品一样都有一定的保存期限，不同的物质其有效期不同。因此，保存的样品必须写明日期，并进行定期检查和处理。

2．蛋白质和酶制品的保存方法

（1）低温下保存　多数蛋白质和酶对热敏感，通常超过35℃就会失活，冷藏于冰箱一般也只能保存1周左右，而且蛋白质和酶越纯越不稳定，溶液状态比固态更不稳定，因此通常要保存于－20～－5℃，如能在－70℃下保存则最为理想。

极少数酶可以耐热：核糖核酸酶可以短时煮沸；胰蛋白酶在稀盐酸中可以耐受90℃；蔗糖酶在50～60℃可以保持15～30min不失活。

还有少数酶对低温敏感：过氧化氢酶要在0～4℃保存，冰冻则失活；羧肽酶反复冻融会失活等。

（2）制成干粉或结晶保存　蛋白质和酶固态比在溶液中要稳定得多。固态干粉制剂放在干燥剂中可长期保存，如葡萄糖氧化酶干粉0℃下可保存2年，－15℃下可保存8年。通常，酶与蛋白质含水量大于10%时，室温、低温下均易失活；含水量小于5%时，37℃活性会下降；如要抑制微生物活性，含水量要小于10%；抑制化学活性，含水量要小于3%。此外，要特别注意酶在冻干时往往会部分失活。

（3）保存时添加保护剂　为了长期保存蛋白质和酶，常常要加入某些稳定剂。

① 惰性的生化或有机物质。如糖类、脂肪酸、牛血清白蛋白、氨基酸、多元醇等，以保持稳定的疏水环境。

② 中性盐。有一些蛋白质要求在高离子强度（1～4mol/L或饱和的盐溶液）的极性环境中才能保持活性，最常用的是$MgSO_4$、NaCl、$(NH_4)_2SO_4$等，但使用时要脱盐。

③ 巯基试剂。一些蛋白质和酶的表面或内部含有半胱氨酸巯基，易被空气中的氧缓慢氧化为磺酸或二硫化物而变性，保存时可加入半胱氨酸或巯基乙醇。

三、分离纯化的准备工作

对于某种生物活性物质的分离纯化工作，有时是以探索工艺技术路线和工艺开发为目的，主要是通过试验研究来找最佳分离纯化路线和筛选优化纯化工艺条件。其前期的准备工作主要是查阅有关文献，积累原材料和目标产物的理化、生物学性质特点等数据资料，设计试验方案，选择分离纯化适用的仪器设备、试剂和方法等；有时是为商业生产而提供大量合格的目标产物，其前期的准备工作主要是准备必要的操作文件、合格足量的原辅材料和工艺处理溶液、生产用器皿、容器、设备及其管道和对生产环境进行消毒灭菌处理等。因此，分离纯化的目的和任务不同，对准备工作的要求也有差异。下面就其主要方面作一介绍。

（一）软件条件的准备

1．生产文件的准备

在试验研究和工艺开发阶段，纯化前须起草书面的试验纯化步骤，纯化中详细记录纯化过程、各种参数和现象等；中试生产和常规生产必须准备包括各种操作指令、标准操作程序及配方、记录等技术文件，指令文件须经有关责任人员签署批准。

2. 生产人员的培训

各生产工序的操作人员必须经过培训，培训内容至少应包括纯化工艺涉及的基本原理、工艺流程、加工设备操作程序等。操作人员经过考核合格后方允许参加生产工作。

（二）硬件条件的准备

1. 生产设施、仪器设备与器皿

(1) 厂房与公用设施　包括生产用水、蒸汽、压缩空气及其输送管线、空气净化设施、层流罩与超净台等。

(2) 设备与器具　包括所使用的各种生物反应器，如发酵罐、离心机、滤器、色谱柱、泵、容器、各类管线、塞盖、接头等辅助装置，检测用仪器、试剂、取样工具与样品瓶等。

(3) 厂房、公用设施与设备　在生产开始前均应经过安装、运行与性能确认等验证程序，保证这些设施、设备与器具等在纯化工作开始前应处于良好的工作或备用状态。

2. 工艺处理液的准备

绝大多数生物物质的分离纯化构成基本上是在液相中或液相与固相转换中进行的，在组织细胞破碎、目标成分释放溶出、提取物的澄清、浓缩与稀释、沉淀、吸附、离心、色谱分析、脱盐和洗脱等加工处理中，大多需要在适宜的液相中才能实现。因此，生物产品分离提纯过程需要使用多种溶液、试剂和去垢剂、酶类抑制剂等添加剂。为了保证分离纯化中不出现顾此失彼，通常在分离纯化前均须将工艺中所用到的各种处理液事先准备好。各处理液的要求应遵循政府或行业制定的有关标准，暂无通行标准的特殊溶剂应制定企业标准。

四、分离纯化技术的综合运用与工艺优化

生物物质的分离纯化一般是由原材料的预处理、颗粒性杂质的去除、目标产物的初步纯化、精制和成品加工等若干工序组成连贯的工艺流程。但就生物物质本身的特点而言，到目前为止，还没有一种分离纯化设备和技术可以经过一步加工处理就分离纯化出符合要求的最终产品。究其原因主要有以下几点。

① 在每个工序中，根据现有设备条件和目标产物的性质、规格、用途不同，可以采用多种分离纯化手段。

② 每种分离纯化操作本身各项影响加工效果的因素，如处理液的种类、

浓度、离子强度和 pH，超速离心中介质种类与梯度的设置，色谱中吸附与洗脱液的种类、离子强度、pH、温度、吸附与洗脱时间等参数和操作条件等都直接影响分离纯化的效果和成本。

③ 各工序间具有复杂的相互影响作用，前一工序加工产物的质量状况（如盐浓度、颗粒杂质的存在等）直接影响后一工序的处理。分离纯化时必须保证上一工序工艺处理条件和产物的质量适于下一工序的加工需要，后一工序对加工物料的专门要求决定前一工序加工产物必须符合一定的标准，如进入色谱柱的物料应无颗粒性杂质，以防止其堵塞装填介质形成反向压力，这就要求用离心或过滤设备去除进料中的颗粒类杂质。

因此，一种合格的生物产品是综合运用多种分离设备和技术加工纯化的结果。而一套成熟的分离纯化技术无论在大规模生产前、生产中都须结合当时的设备条件、市场情况、目标产物的性质、规格、用途等，从产物质量、收率与纯度的平衡、时间与经济性等角度出发，对分离纯化设备、加工手段、各工序之间的衔接以及影响工艺流程整体纯化效果的加工条件进行优化。

1. 建立在制品、半成品、成品的检测方法

在生物产品分离纯化中，建立在制品、半成品、成品的检测方法是分离纯化工艺优化的前提条件，也是分离纯化操作过程中的重要组成部分。在实际生产中，根据在工艺里所起的作用，可将其分为在线检测、数据检测和放行检测等几类。

(1) 在线检测　是在工艺运行过程中，通过对在制品取样并用适当仪器和方法测试样品相应指标，或通过安装在生产设备上的监测仪器（如感应探头等）直接检测加工物料或设备的有关数据，以了解工艺运行状况，并对其进行调整和控制。

(2) 数据检测　纯化过程中往往在进一步加工之前需要测试在制品的某些指标的具体数值，根据测得的数据进行计算，确定下一道工序的工艺参数后才能继续加工，这种检测即为数据检测。如某在制品进入色谱工序前，可能需要测试其中目标产物的浓度，算出在制品中目标产物的总量，按照色谱柱的加工容量和性能，决定是否需要对在制品进行浓缩或稀释、合并或分批，推算应该进入色谱柱的在制品体积或目标产物的数量以及平衡、洗脱所需各工艺处理溶液的体积等。

(3) 放行检测　在一道分离纯化工序结束后，其产物是否可以进入下一道工序继续分离处理，应根据加工工艺的要求，对工序间在制品设定质量标准，抽样检验在制品有关质量指标，其结果符合标准后方允许在制品进入后一道工序继续加工，这种检测就是放行检测。

2. 明确优化工艺的评判标准，处理好收率、纯度、经济性之间的平衡

许多技术经济指标，如产物收率、原料消耗、能源消耗、产品生产成本、设备投资、操作费用等均可作为优化工艺的评判标准。此外，环保、安全、占地面积等也是应考虑的主要因素，对于生物产品的分离纯化应重点处理好以下两个平衡。

（1）收率与纯度之间的平衡　生物产品的纯度是衡量其质量优劣的重要指标，特别是临床使用的药物，其纯度的高低直接关乎用药的安全性。绝对纯净和100%的高纯化产率是现代生物产品领域追求但尚不能达到的目标。在绝大多数生物产品分离纯化过程中，纯度与产率之间通常是一对矛盾，纯化产品产率的提高往往伴随着纯度的下降，反之对纯度要求的提高意味着纯化工艺成本的提高和产物收率的降低。如何在分离纯化产物符合标准的前提下实现高的收率，直接体现了一种生物产品分离纯化的工艺水平。实际操作时应结合药物的质量要求、加工成本、技术上的可行性和可靠性、产品价值以及市场需求等，找出纯化工艺加工产物纯度、生物活性和产量间的平衡点，实现工艺的最优化。

（2）经济性考虑　分离纯化工艺总体成本与纯化产物的价值必然影响纯化工艺路线的设计。在分离纯化工艺流程中，在制品的价值或分离纯化加工的成本是随工艺流程而递增的。从技术设备、配制工艺处理液的原材料到纯化用色谱分析介质等成本伴随在制品沿工序流动而累加。

在设计和整合全工艺流程时，应将涉及在制品处理体积大、加工成本低的工序尽量前置，而色谱分析介质价格较为昂贵，色谱精制纯化工序宜放在工艺流程的后段，进入色谱分析工段的在制品体积应尽可能小，以减少色谱分析介质的使用量。随产物纯度的提高，对工艺流程下游加工所用的设备、试剂的要求亦提高，一定要选择质量优良、性能可靠的设备，使用高质量的试剂，确保所用工艺处理溶液是合格的。

五、　分离纯化工艺的中试放大

生物物质分离纯化工艺的建立一般都要经过小试研究、中间试验生产到形成工业规模生产线放大的过程。小试是过渡到最终大规模商业化生产工艺的第一步，中间往往要经过中间放大试验的环节，中试放大是由小试转入工业化生产的过渡性研究工作，是对小试工艺能否成功地进入规模生产至关重要的一步。当小试研究工作进行到一定阶段，就应考虑中试放大，以确定小试工艺路线的可行性和小试阶段难以解决或尚未发现的问题。

1. 中试放大应具备的条件

对于在小试进行到什么阶段才能进入中试放大这一问题，尚难制定一个标准。但除了人为因素外，至少在进入中试放大前应具备以下条件。

① 确定并系统鉴定了生物材料的资源（包括菌种、细胞株等）。

② 目标产物的收率稳定即重复性好、质量可靠。

③ 工艺路线和操作条件已经确定，并且已经建立了原料、在制品、产品的分析检测方法。

④ 已经进行过物料平衡预算，并且建立了“三废”的处理和监测方法。

⑤ 确立了中试规模及所需原材料的规格和数量。

⑥ 建立了较完善的安全生产预警措施和方法。

2．中试放大中力求解决及应注意的问题

（1）进一步确定生产中所需原辅材料的规格和来源　在小试时，为了排除原辅材料（如原料、试剂、溶剂、纯化载体等）所含杂质的不良影响，保证试验结果的准确性，一般采用的原辅材料规格较高。当工艺路线确定之后，在进一步考察放大工艺条件时，应尽量改用大规模生产时容易获得、成本较低的原辅材料。为此，应考察某些工业规格的原辅材料所含杂质对反应收率和产品质量的影响，制定原辅材料质量标准，规定各种杂质的允许限度，同时还应考察不同产地、同种规格原辅材料对产品收率、质量的影响。

（2）进一步确定生产设备的选型与设备材料的质量　小试阶段，大部分实验是在小型玻璃仪器中进行的，但在工业生产中，物料要接触到各种设备材料，如微生物发酵罐、细胞培养罐、固定化生物反应器、多种色谱材料，以及产品后处理的过滤、浓缩、结晶、干燥设备等。有时某种材质对某一反应有极大影响，甚至使整个反应无法进行。如应用猪蹄壳提取蹄甲多肽（妇血宁）时，其主要成分蹄甲多肽易与铁反应形成含铁配合物，改变产品的颜色和质量，因此，整个分离纯化过程中切不可与铁制品接触。故在中试时应对设备材料的质量和选型进行试验，为工业化生产提供数据。

（3）进一步确定分离纯化操作的条件限度　可以通过操作条件限度试验找到最适宜的工艺条件（如操作温度、压力、pH 等）。生产的操作条件一般均有一个许可范围，有些对工艺条件要求很严格，超过一定限度后，就会造成重大损失，如使生物活性物质失活或超过设备能力，造成事故。在这种情况下，应进行工艺条件的限度试验。

（4）研究和建立原辅材料、中间体及产品质量的分析方法和手段　对原辅材料、中间体及目标产物进行适时监测和分析是生物产品生产中一个不可缺少的内容，而由于生物产品的特殊性，有许多原辅材料尤其是中间体和新产品均无现成的分析方法。因此，在中试放大时必须研究和建立它们的鉴定方法，以便为大生产提供简便易行、准确可靠的检验方法。

3．中试放大的方法

中试放大的方法有经验放大法、相似放大法和数学模型放大法。生物产品研发中主要采用经验放大法。

经验放大法主要是凭借经验，通过实验室装置、中间装置、中型装置、大型装置逐级放大，来摸索反应器的特征。其中试放大的程序，可采取“步步为营法”或“一杆子插到底法”。“步步为营法”就是集中精力对每步反应的收率、质量进行考核，在得到结论后，再进行下一步操作。而“一杆子插到底法”为先看产品质量是否符合要求，并让一些问题先暴露出来，然后制定对策，重点解决。

不论哪种方法，首先应弄清楚中试放大过程中出现的问题是原料问题、工艺问题、操作问题，还是设备问题。要弄清楚这些问题，通常还需同时对小试与中试进行对照试验，逐一排除各种变动因素。

4．中试放大的研究内容

① 工艺路线及各工序操作步骤的研究。

② 设备材质与型号的选择性研究。

③ 原辅材料、中间体质量标准的研究。

④ 操作条件的研究。

⑤ 物料衡算的研究。

⑥ 安全生产与“三废”防治措施的研究。

⑦ 原辅材料、中间体即产品的理化和生物学测定方法。

⑧ 消耗定额、原料成本、操作工时与生产周期等的计算研究。

中试放大完成后，根据中试总结报告和生产任务等可进行基建设计，制定定型设备选购计划及非标设备的设计、制造。然后按照施工图进行车间的厂房建筑和设备安装。在全部生产设备和辅助设备安装完成后，如试车合格、生产稳定，即可制定生产工艺规程，交付生产。

【复习思考】

1. 简述分离纯化方法选择的原则。
2. 原材料选择与成品保存方法有哪些？
3. 分离纯化的准备工作是什么？
4. 中试放大的研究内容有哪些？

模块二

生物材料预处理

单元一

发酵液的凝聚和絮凝

【学习目标】

1. 了解发酵液的过滤特性。
2. 掌握发酵液中无机离子和杂蛋白的去除方法。
3. 熟悉凝聚的原理。
4. 掌握絮凝的基本原理和影响因素。
5. 掌握絮凝剂的选择方法。

【基础知识】

一、发酵液的特性

微生物发酵液的成分极为复杂，其中除了所培养的微生物菌体及残存的固体培养基外，还有未被微生物完全利用的糖类、无机盐、蛋白质，以及微生物的各种代谢产物。其特性有以下几点。

① 发酵产物浓度较低，悬浮液中大部分是水。

② 悬浮物颗粒小，相对密度与液相相差不大。

③ 固体粒子可压缩性大。

④ 液相黏度大，大多为非牛顿型流体。

⑤ 性质不稳定，随时间变化，易受空气氧化、微生物污染、蛋白酶水解等作用的影响。

⑥ 成分复杂，杂质较多。

二、发酵液中杂质的去除方法

发酵液中杂质很多，对下一步分离影响最大的是高价无机离子（Ca^{2+}、Mg^{2+}、

Fe^{3+}）和杂蛋白质等。在预处理时，也应尽量除去这些物质。

1. 无机离子的去除

发酵液中主要的无机离子有 Ca^{2+}、Mg^{2+} 和 Fe^{3+}。

（1）钙离子的去除　通常使用草酸，生成草酸钙沉淀。由于草酸溶解度较小，因此用量大时，可用其可溶性盐（如草酸钠）。反应生成的草酸钙还能促使蛋白质凝固，改善发酵液的过滤性能。草酸价格较贵，应注意回收。

（2）镁离子的去除　可以加入三聚磷酸钠 $Na_5P_3O_{10}$，它和镁离子形成可溶性配合物。

$$Na_5P_3O_{10} + Mg^{2+} \rightleftharpoons MgNa_3P_3O_{10} + 2Na^+$$

用磷酸盐处理，也能大大降低钙离子和镁离子的浓度。

（3）铁离子的去除　可加入亚铁氰化钾（黄血盐）$[K_4Fe(CN)_6 \cdot 3H_2O]$ 或 $Na_4[Fe(CN)_6] \cdot 10H_2O$，使形成普鲁士蓝沉淀。

$$4Fe^{3+} + 3K_4Fe(CN)_6 \longrightarrow Fe_4[Fe(CN)_6]_3 \downarrow + 12K^+$$

2. 杂蛋白质的去除

在发酵液中还存在有大量的可溶性杂蛋白。发酵液的预处理，从根本上说，是如何使可溶性蛋白质充分地变性沉淀，以便随固形物一同除去的问题。具体的方法有以下几种。

（1）沉淀法　蛋白质是两性物质，在酸性溶液中，能与一些阴离子（如三氯乙酸盐、水杨酸盐、钨酸盐、苦味酸盐、鞣酸盐、过氯酸盐等的酸根离子）形成沉淀；在碱性溶液中，能与一些阳离子（如 Ag^+、Cu^{2+}、Zn^{2+}、Fe^{3+} 和 Pb^{2+} 等）形成沉淀。

（2）变性法　使蛋白质变性的方法很多，其中最常用的是加热法，加热不仅使蛋白质变性，同时会降低液体黏度，提高过滤速率。但热处理通常对原液质量有影响，特别是会使色素增多。该法只适用于对热较稳定的生化物质，否则容易使其破坏，同时对某些生化物质效果也并不是很理想。

使蛋白质变性的其他方法有：大幅度调节 pH，加乙醇、丙酮等有机溶剂或表面活性剂等。但极端 pH 也会导致某些目的产物失活，并且要消耗大量酸碱；而加有机溶剂成本高，通常只适用于所处理的液体数量较少的场合。

（3）吸附法　加入某些吸附剂或沉淀剂吸附杂蛋白质而除去。例如，在四环类抗生素中，采用黄血盐和硫酸锌的协同作用生成亚铁氰化锌钾 $K_2Zn_3[Fe(CN)_6]_2$ 的胶状沉淀来吸附蛋白质，利用此法除蛋白质已取得很好的效果。在枯草芽孢杆菌发酵液中，加入氯化钙和磷酸氢二钠，两者生成庞大的凝胶，把蛋白质、菌体及其他不溶性粒子吸附并包裹在其中而除去，从而可加快过滤速率。

三、 发酵液的凝聚

1．发酵液中胶粒的双电子层

通常发酵液中细胞或菌体带有负电荷，由于静电引力的作用使溶液中带相反电荷的粒子（即正离子）被吸附在其周围，在其界面上形成了双电子层（图 2-1）。这种双电层的结构使胶粒之间不易聚集而保持稳定的分散状态。双电层的电位越高，电排斥作用越强，胶体粒子的分散程度也就越大，发酵液过滤就越困难。

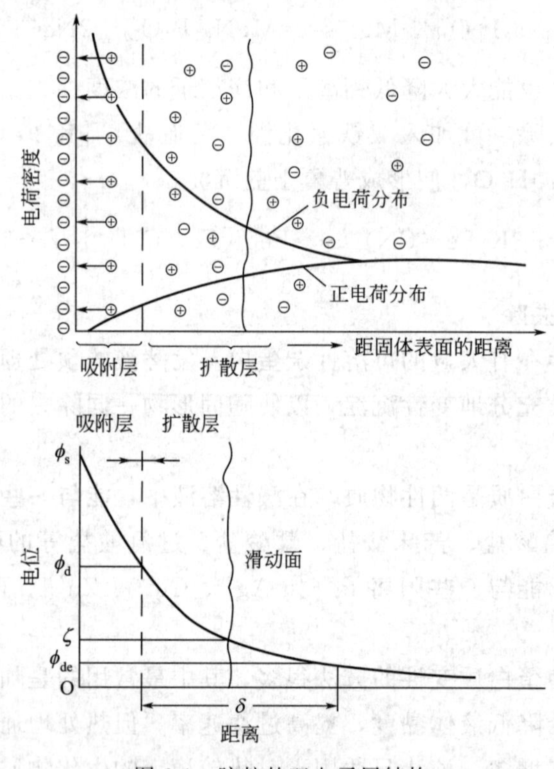

图 2-1 胶粒的双电子层结构

2．凝聚作用

向胶体悬浮液中加入某种电解质，在电解质中异电离子的作用下，胶粒的双电层电位降低，使胶体体系不稳定，胶体粒子间因相互碰撞而产生凝集的现象，称为凝聚作用。电解质的凝聚能力可用凝聚值来表示，使胶粒发生凝聚作用的最小电解质浓度（mmol/L）称为凝聚值。

根据 Schuze-Hardy 法则，反离子的价数越高，该值就越小，即凝聚能力越强。阳离子对带负电荷的发酵液胶体粒子凝聚能力的次序为：$Al^{3+}>Fe^{3+}>H^{+}>Ca^{2+}>Mg^{2+}>K^{+}>Na^{+}>Li^{+}$。常用的凝聚电解质有 $Al_2(SO_4)_3\cdot18H_2O$（明矾）、$AlCl_3\cdot6H_2O$、$FeSO_4\cdot7H_2O$、$FeCl_3\cdot6H_2O$、$ZnSO_4$、石灰等。

四、 发酵液的絮凝

絮凝是指在某些高分子絮凝剂存在下，基于桥架作用，使胶粒形成较大絮凝团的过程。絮凝技术预处理发酵液的优点不仅在于提高固液分离速度，分离菌体、细胞和细胞碎片等，还在于能有效除去杂蛋白质和固体杂质，提高滤液质量。

1. 絮凝剂及絮凝作用

絮凝剂是一种能溶于水的高分子聚合物，其分子量可高达数万至一千万以上，它们具有长链状结构，其链节上含有许多活性官能团，可以带有多价电荷（如阴离子或阳离子），也可以不带电性（如非离子型）。它们通过静电引力、范德瓦耳斯力或氢键的作用，强烈地吸附在胶粒的表面。当一个高分子聚合物的许多链节分别吸附在不同的胶粒表面上，产生桥架联接时，就形成了较大的絮团，这就是絮凝作用。如果胶粒相互间的排斥电位不太高，只要高分子聚合物的链节足够长，跨越的距离超过颗粒间的有效排斥距离，也能把多个胶粒拉在一起，导致架桥絮凝。高分子絮凝剂的吸附架桥作用如图 2-2 所示。

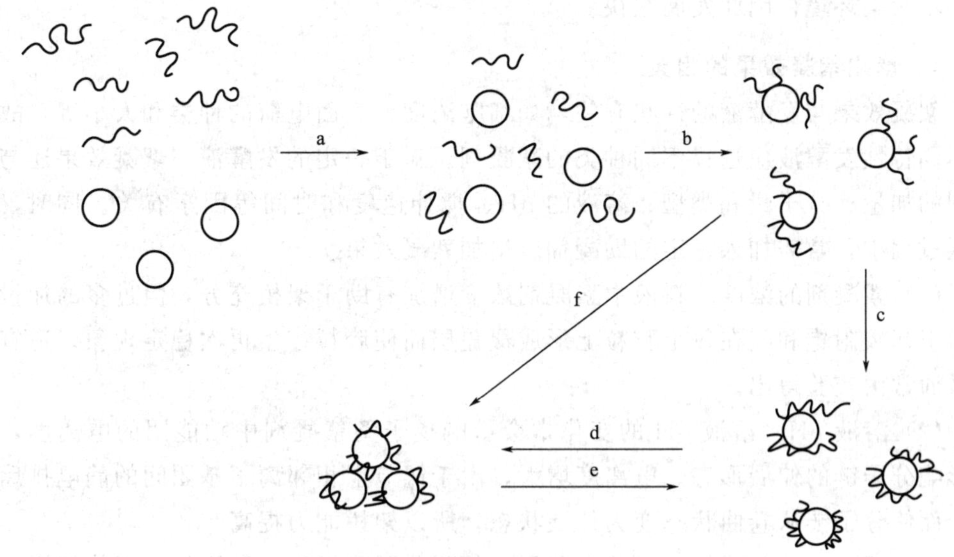

图 2-2　高分子絮凝剂的混合、吸附和絮凝作用示意图

a—聚合物分子在液相中分散、均匀分布在粒子之间；b—聚合物分子链在粒子表面的吸附；
c—吸附链的重排，最后达到一种平衡构象；d—脱稳粒子相互碰撞，架桥形成絮团；
e—絮团的打碎；f—聚合物分子吸附在粒子表面后，直接形成絮团

2. 对絮凝剂化学结构的一般要求

一方面要求絮凝剂分子必须含有相当多的活性官能团，使之能和胶粒表面相结合；另一方面要求必须具有长链的线性结构，以便同时与多个胶粒吸附形成较大的絮团，但分子量不能超过一定限度，以使其具有良好的溶解性。

3．絮凝剂的分类及常用絮凝剂

根据絮凝剂活性基团在水中解离情况的不同，絮凝剂可分为非离子型、阴离子型和阳离子型三类。根据其来源的不同，工业上使用的絮凝剂又可分为如下三类。

（1）有机高分子聚合物　如聚丙烯酰胺类衍生物、聚苯乙烯类衍生物等。

（2）无机高分子聚合物　如聚合铝盐、聚合铁盐等。

（3）天然有机高分子絮凝剂　如聚糖类胶黏物、海藻酸钠、明胶、骨胶、壳多糖、脱乙酰壳多糖等。

目前最常用的絮凝剂是人工合成高分子聚合物，主要有有机合成的聚丙烯酰胺类和聚乙烯亚胺衍生物。聚丙烯酰胺类絮凝剂具有用量少、絮凝体粗大、分离效果好、絮凝速度快以及种类多等优点，因此它们的适用范围广。其主要缺点是存在一定的毒性，特别是阳离子型聚丙烯酰胺，一般不宜用于食品及医药工业。近年来发展的聚丙烯酸类阴离子絮凝剂无毒，可用于食品和医药工业。

微生物絮凝剂是近年来研究和开发的新型絮凝剂，它是一类由微生物产生的具有絮凝细胞功能的物质。主要成分是糖蛋白、黏多糖、纤维素及核酸等高分子物质。微生物絮凝剂和天然絮凝剂与化学合成的絮凝剂相比，最大的优点是安全、无毒和不污染环境，因此发展很快。

4．影响絮凝效果的因素

絮凝效果与发酵液的性状有关，如细胞浓度、表面电荷的种类和大小等，故对于不同特性发酵液应选择不同种类的絮凝剂。对于一定的发酵液，絮凝效果还与絮凝剂的加量、分子量和类型、溶液的 pH、搅拌速度和时间等因素有关。同时，在絮凝过程中，常需加入一定的助凝剂以增加絮凝效果。

（1）絮凝剂的浓度　料液中絮凝剂浓度增加有助于架桥充分，但过多的加量反而会引起吸附饱和，在每个胶粒上形成覆盖层而使胶粒产生再次稳定现象。适宜的加量通常由实验得出。

（2）溶液 pH　溶液 pH 的变化常会影响离子型絮凝剂中功能团的电离度，从而影响分子链的伸展形态。电离度增大，由于链节上相邻离子基团间的静电排斥作用，而使分子链从卷曲状态变为伸展状态，所以架桥能力提高。

（3）絮凝剂的分子量　虽然高分子絮凝剂分子量提高、链增长，可使架桥效果明显，但分子量不能超过一定的限度，因为随分子量提高，高分子絮凝剂的水溶性降低，因此分子量的选择应适当。

（4）搅拌速度和时间　加入絮凝剂的初期应高转速，使絮凝剂快速、均匀地分散到料液中，不形成局部过浓，但接着应低速搅拌，有利于絮凝体长大成团，如仍高速搅拌易将絮凝团打碎，影响絮凝效果。

5．混凝

对于带负电性的菌体或蛋白质来说，采用阳离子型高分子絮凝剂同时具有降低胶粒双电层电位和产生吸附桥架的双重机制，所以可以单独使用。对于非离子型和阴离子型高分子絮凝剂，则主要通过分子间引力和氢键作用产生吸附桥架，所以它们常与无机电解质凝聚剂搭配使用。首先加入电解质，使悬浮粒子间的双电层电位降低、脱稳，凝聚成微粒，然后再加入絮凝剂絮凝成较大的颗粒。无机电解质的凝聚作用为高分子絮凝剂的架桥创造了良好的条件，从而大大提高了絮凝的效果。这种包括凝聚和絮凝机制的过程，称为混凝。

【实训任务】

青霉素发酵液的预处理

一、 所属项目与任务编号

1. 所属项目：青霉素的提取与精制
2. 任务编号：0102

二、 实训目的

1. 理解发酵液絮凝的基本原理。
2. 掌握发酵液无机离子和杂蛋白去除的基本方法。
3. 能正确去除发酵液中的无机离子和杂蛋白。

三、 实训原理

青霉素发酵液浓度稀、成分复杂，且含有很多有毒、有害物质，如有机酸、菌丝、杂蛋白、无机盐及一些热源性物质。可用预处理沉淀无机离子和蛋白质，然后进行固液分离除去菌丝体及沉淀物，得到发酵滤液。预处理的方法有絮凝、凝聚及除高价离子等，固液分离的方法有过滤和离心。

四、 材料与试剂

1. 材料：本项目 0101 任务板框压滤所得的青霉素滤液。
2. 试剂：三聚磷酸钠、黄血盐、硫酸、溴代十五烷吡啶（PPB）、硅藻土。

五、 器具器皿

抽滤装置、真空泵、玻璃棒、烧杯、滤纸、pH 试纸等。

六、操作步骤

1. 量取 500mL 滤液，预冷至 10℃。

2. 搅拌下，在滤液中加入黄血盐 12g，以沉淀发酵液中的铁离子，30min 后抽滤，弃沉淀，取滤液。

3. 滤液用 10% H_2SO_4 调值为 5.0 左右，加入 0.05%～0.1%（质量浓度）破乳剂溴代十五烷吡啶（PPB）防止乳化。

4. 搅拌下，在滤液中加入 0.05%（质量浓度）絮凝剂三聚磷酸钠进行絮凝蛋白质，絮凝 30min，加入 0.7%（质量浓度）硅藻土作助滤剂，30min 后进行过滤，弃沉淀，取滤液。

5. 滤液放置冰箱中冷藏保存，待萃取用。

【拓展知识】

亲和絮凝

亲和絮凝是细胞絮凝技术发展的新动向，其絮凝作用是利用絮凝剂和细胞膜表面某种组分间具有的专一性亲和连接作用而产生吸附架桥。例如，J. Bonnerjea 等报道，硼酸盐（如四硼酸钠）能与多羟基的糖类化合物（如甘露糖醇、山梨糖醇）发生专一性配合作用，在一定条件下，形成以硼原子为中心的五元螺环型复合物。利用该原理，用于含多羟基的酵母细胞碎片的絮凝，结果表明仅用低速离心就能使液体澄清。由于专一性强，仅对糖类的组分有配合作用，故酶或蛋白质等生物大分子物质回收率高。在从酵母细胞匀浆液中回收乙醇脱氢酶的例子中，乙醇脱氢酶的收率可达 95%以上。

【复习思考】

1. 简述发酵液的基本特性。
2. 发酵液中杂质的去除有哪些方法？
3. 凝聚与絮凝的原理有何不同？
4. 影响絮凝效果的因素有哪些？

细胞的破碎

【学习目标】

1. 了解不同生物细胞壁的结构特点。
2. 掌握细胞破碎的方法。
3. 熟悉细胞破碎仪器的使用特性。

【基础知识】

一、 细胞破碎

细胞破碎就是采用物理或化学的方法，在一定程度上破坏细胞壁和细胞膜，设法使胞内产物最大限度地释放到液相中，为后续提取或分离胞内的蛋白质、酶、多肽和核酸等生物物质奠定基础。

二、 细胞壁的基本结构

细胞壁的化学组成是非常复杂的，生物类型不同，其细胞壁组成不同，同一生物处于不同生长阶段时，其细胞壁的组成也会发生变化。

1. 细菌的细胞壁

细菌的细胞壁由多糖链借短肽交联而成，具有网状结构，包围在细胞周围，使细胞具有一定的形状和强度（图 2-3)。细菌的细胞壁是由肽聚糖组成的一个难溶于水的大分子复合体。

革兰阳性细菌的细胞壁较厚，只有一层（20～80nm)，主要由肽聚糖组成，占细胞壁成分的 40％～90％，其余是多糖和胞壁酸。其肽聚糖结构为多层网状结构，其中 75%的肽聚糖亚单位相互交联，网格致密坚固。

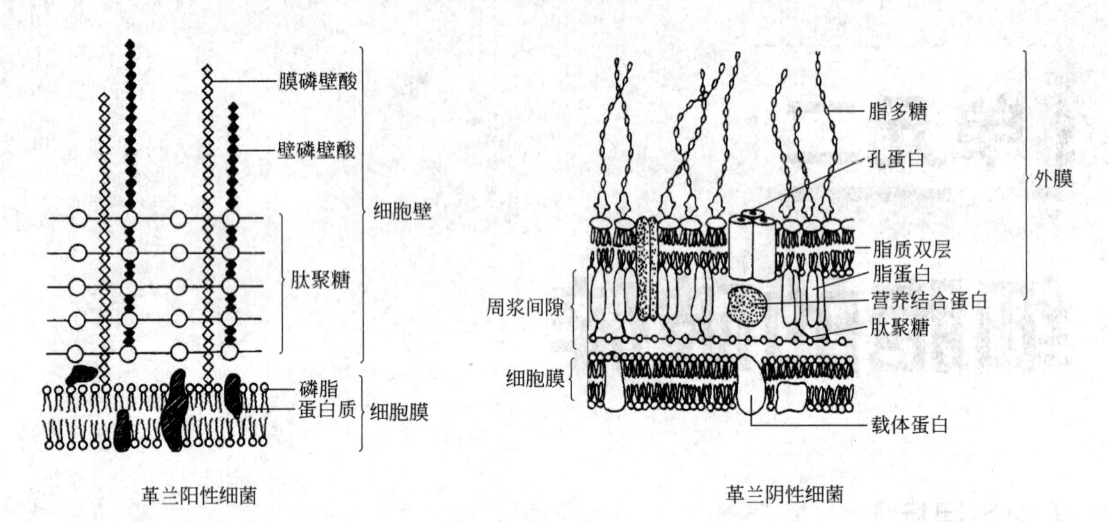

图 2-3 细菌的细胞壁结构

革兰阴性细菌的细胞壁包括内壁层和外壁层。内壁层较薄（2～3nm），由肽聚糖组成，占细胞壁成分的 10%左右；外壁层较厚（8～10nm），主要由脂蛋白和脂多糖组成。革兰阴性菌细胞壁的肽聚糖为单层网状结构，它们只有 30%的肽聚糖亚单位彼此交联，故其网状结构不及革兰阳性细菌的坚固，显得比较疏松。

2. 酵母菌的细胞壁

酵母细胞壁由特殊的酵母纤维素构成，它的主要成分为葡聚糖（30%～34%）、甘露聚糖（30%）、蛋白质（6%～8%）等，比革兰阳性菌稍厚，但不及革兰阳性细菌细胞壁坚韧。细胞壁的最里层是由葡聚糖的细纤维组成，它构成了细胞壁的刚性骨架，使细胞具有一定的形状；覆盖在细纤维上面的是一层糖蛋白；最外层是甘露聚糖，由 1，6-磷酸二酯键共价连接，形成网状结构；在该层的内部，有甘露聚糖-酶的复合物，它可以共价连接到网状结构上，也可以不连接。

3. 真菌的细胞壁

真菌的细胞壁较厚（100～250nm），主要由多糖组成（80%～90%），其次还含有较少量的蛋白质和脂类。大多数真菌的多糖壁是由几丁质和葡聚糖构成，少数低等水生真菌的细胞壁由纤维素构成。

4. 植物的细胞壁

对于已生长结束的植物细胞壁可分为初生壁和次生壁两部分。初生壁与次生壁的主要化学成分均为纤维素，纤维素分子又可进一步组装成微纤丝，微纤丝再交织成网状，就构成细胞壁的基本骨架。网眼中的空隙常为溶于水的果胶质、木质素和角质等所填充，从而使整个细胞壁既具有刚性又具有弹性。植物细胞初生壁形成后，细胞仍可以继续增大，而不增加初生壁的厚度。次生壁是在初生壁上增厚的部分，次生壁形成时，提高了细胞壁的坚硬性，使植物细胞具有很高的机械强度，细胞也不再增大。

三、 细胞壁的结构和细胞破碎的关系

在物理破碎中，细胞的大小和形状以及细胞壁的厚度和聚合物的交联程度是影响破碎难易程度的重要因素。细胞个体小、球形、壁厚、聚合物交联程度高是最难破碎的。在使用酶法和化学法溶解细胞时，细胞壁的组成最重要，其次是细胞壁的结构。了解细胞壁的组成和结构，可有助于选择合适的溶菌酶和化学试剂，以及在使用多种酶或化学试剂相结合时确定其使用的顺序。

四、 细胞破碎的方法

细胞破碎的方法按其所受作用，分为物理破碎法和化学破碎法两大类。

（一） 物理破碎法

1. 高压匀浆法

高压匀浆法是大规模细胞破碎的常用方法，所用设备是高压匀浆器，由高压主泵和匀浆阀组成，图 2-4 为高压匀浆器的匀浆阀结构简图。在高压匀浆器中，高压室的压力高达几十兆帕，细胞悬浮液自高压室针形阀喷出时，每秒速度可达几百米。这种高速喷出的浆液又射到静止的撞击环上，被迫改变方向从出口管流出。细胞在这一系列高速运动进程中经历了剪切、碰撞及由高压到常压的变化，从而造成细胞破碎。为了控制温度升高，可在进口处用干冰调节温度，使出口温度调节在20℃左右。

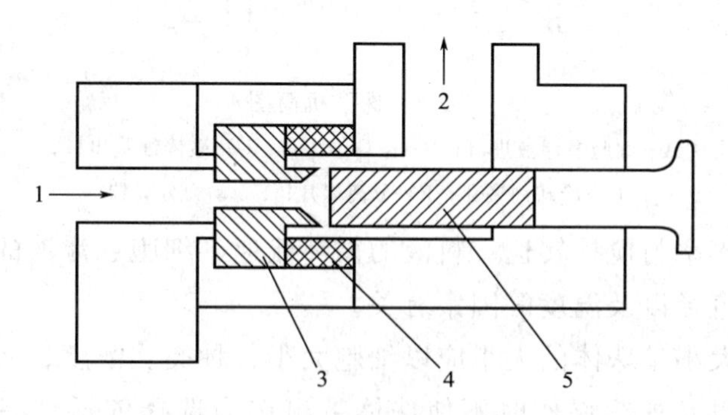

图 2-4　高压匀浆器的匀浆阀结构示意图

1—细胞悬浮液；2—加工后的细胞匀浆液；3—阀座；4—碰撞环；5—阀杆

影响破碎的主要因素是压力、温度和通过匀浆器的次数。一般说来，增大压力和增加破碎次数都可以提高破碎率，但当压力增大到一定程度后对匀浆器的磨损较大。

高压匀浆法的适用范围较广，在微生物细胞和植物细胞的大规模处理中常采用。一般说来，酵母菌较细菌难破碎，处于静止状态的细胞较处于快速生长状态的细胞难破碎，在复合培养基上培养的细胞比在简单合成培养基上培养的细胞较难破碎。

此外，不宜采用高压匀浆法破碎的微生物细胞有：易造成堵塞的团状或丝状真菌、较小的革兰阳性菌以及含有包涵体的基因工程菌。因为包涵体质地坚硬，易损伤匀浆阀。

2. 珠磨法

采用珠磨法进行细胞破碎，被认为是最有效的一种细胞物理破碎法，所用设备称为珠磨机。珠磨机的主体一般是立式或卧式圆筒形腔体，由电机带动，图 2-5 为卧式简图。磨腔内装钢珠或小玻璃珠以提高研磨能力。进入珠磨机的细胞悬浮液与极细的玻璃小珠、石英砂、氧化铝等研磨剂（直径小于 1nm）一起快速搅拌或研磨。研磨剂、珠子与细胞之间的互相剪切、碰撞，使细胞破碎，释放出内含物。在珠液分离器的协助下，珠子被滞留在破碎室内，浆液流出，从而实现连续操作。破碎产生的热量一般采用夹套冷却的方式带走。一般，卧式珠磨破碎效率比立式高，其原因是立式机中向上流动的液体在某种程度上会使研磨珠流态化，从而降低其研磨效率。

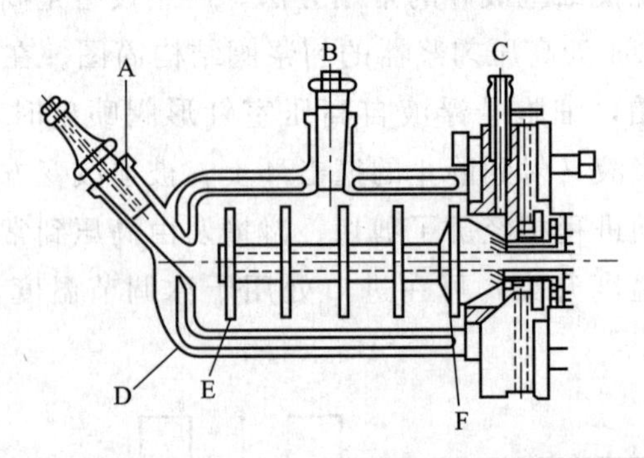

图 2-5　珠磨机简图

A—细胞悬浮液进口；B—微珠加入口；C—破碎细胞出口；
D—冷却剂夹套；E—分离碟片；F—动力分离器

珠磨机的破碎率与搅拌转速、料液的循环流速、细胞悬浮液的浓度、玻璃小珠的装量和珠体的直径以及温度等因素有关。

（1）珠体的大小　珠体的大小应以细胞大小、种类、浓度、所需提取的酶在细胞中的位置关系以及连续操作时不使珠体带出作为选择依据。一般来说，磨珠越小，细胞破碎的速度也越快，但磨珠太小易于漂浮，并难以保留在研磨机的腔体内，所以它的尺寸不能太小。通常在实验室规模的珠磨机中，珠径为 0.2mm 较好；而在工业规模操作中，珠粒直径不得＜0.4mm。

（2）珠体在磨室中的装量　珠体的装量要适中。装量少时，细胞不易破碎；装量大时，能量消耗大，研磨室热扩散性能降低，引起温度升高，给细胞破碎带来困难。因此珠磨机腔体内的填充密度应该控制在80%～90%，并随珠粒直径的大小而变化。

(3) 搅拌速度　增加搅拌速度能提高破碎效率，但过高的速度反而会使破碎率降低、能量消耗增大，所以搅拌速度应适当。

(4) 操作温度　温度高时，细胞较易破碎，但温度过高会对破碎物尤其是目标产物产生影响，一般操作温度在5～40℃时对破碎物影响较小。为了控制温度，可采用冷却夹套和搅拌轴的方式来调节磨室的温度。

(5) 被处理细胞的特性　一般来说，酵母比细菌细胞的处理效果好，细菌细胞的大小是酵母细胞的十分之一，在高速珠磨机中不易破碎。在同样的条件下，酿酒酵母的破碎效果比热带假丝酵母好。其原因除了两者大小有别，更主要的是由于后者细胞的机械强度比前者细胞的机械强度要高。

延长研磨时间、增加珠体装量、提高搅拌转速和操作温度等都可有效地提高细胞破碎率，但高破碎率会带来一系列问题：使能耗大大增加；产生较多的热能，增大了冷却控温的难度；大分子目的产物的失活损失增加；细胞碎片较小，分离碎片不易，给下一步操作带来困难，因此，珠磨法的破碎率一般控制在80%以下。

3. 超声波破碎法

频率超过20kHz的超声波是人耳难以听到的一种声音。在较高的输入功率下，超声波可使悬浮液中的微生物细胞失活，并在液体中形成许多小气泡（称为“空穴”）。在声波膨胀相中，这些气泡会增大，而在压缩相中气泡会被压缩，直到不能再压缩时，气泡破裂，释放出猛烈的冲击波。这种冲击波通过介质传播，将大量声能转化成弹性波形式的机械能，引起局部的剪切梯度，使细胞破碎。

超声破碎机通常在15～25kHz的频率下操作，可分为槽式和探头直接插入介质两种形式。一般破碎效果后者比前者好。探头直接插入介质式超声破碎机如图2-6所示。

超声波破碎作用受许多因素的影响，通常声强和振幅影响很大，频率的变化影响不明显，但强度太高易使蛋白质变性。此外介质的离子强度、pH、菌体的种类和浓度也有很大的影响。杆菌比球菌易破碎，革兰阴性菌细胞比革兰阳性菌易破碎，酵母菌效果较差。菌体浓度太高或介质黏度高，均不利于超声波破碎。

超声波振荡易引起温度的剧烈上升，操作时常需把悬浮液预先冷却到0～5℃，并且还应在夹套中连续通入冷却剂进行冷却，或将细胞悬浮液置于冰浴中。超声波产生的化学自由基团能使某些敏感性活性物质失活，可以通过添加自由基清除剂（如胱氨酸或谷胱甘肽）或者用氢气预吹细胞悬浮液来缓和。

超声波在处理少量样品时操作简便、液量损失少，因而在实验室和小规模生产中应用较为普遍。但是要向大量的细胞悬浮液中通入足够的能量以及散热均有困难，故在工业范围中还未采用这种方法。

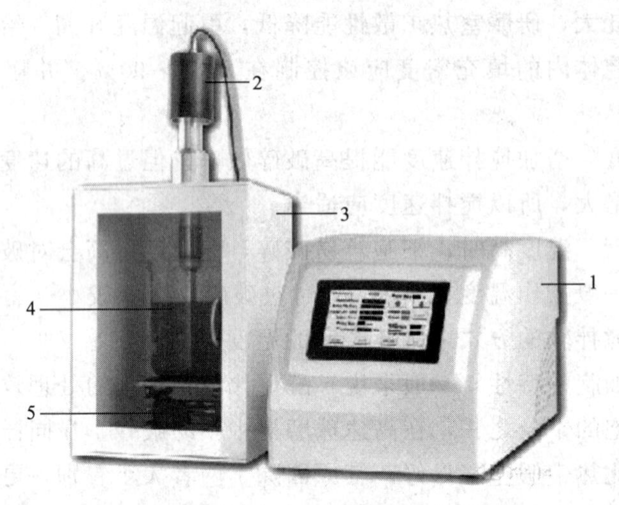

图 2-6 探头直接插入介质式超声破碎机

1—超声波发生器；2—超声探头；3—隔音箱；4—超声溶液；5—溶液支架

4．其他物理破碎方法

（1）渗透压冲击法　指细胞经高渗溶液，如一定浓度的甘油或蔗糖溶液处理，使之脱水收缩，然后转入水或缓冲液，因渗透压突然变化，细胞快速膨胀而破裂，使产物释放到溶液中。

（2）反复冻融法　将细胞放在低温下突然冷冻，然后在室温下缓慢融化，反复多次而达到破壁作用。由于冷冻，一方面使细胞膜的疏水键结构破裂，从而增加细胞的亲水性；另一方面胞内水结晶，使细胞内外溶液浓度变化，引起细胞溶胀而破裂。

（3）干燥法　采用气流干燥、真空干燥、喷雾干燥和冷冻干燥等多种方法干燥细胞，使细胞结合水分丧失，从而改变细胞的渗透性。当采用丙酮、丁醇或缓冲液等对干燥细胞进行处理时，胞内物质就容易被抽提出来。

（4）X-press 法　将浓缩的菌体悬浮液冷却至－25℃形成冰晶体，利用500MPa以上的高压冲击，使冷冻细胞从高压阀小孔中挤出，由于冰晶体的磨损，使包埋在冰中的微生物变形而引起细胞破碎。主要用于实验室，具有适应范围广、破碎率高、细胞碎片粉碎程度低及活性保留率高等优点。不适应于对冷冻敏感的物质。

（二）化学破碎法

1．酶溶法

利用酶反应，分解破坏细胞壁上的特殊键或某种特殊的物质，从而达到破碎细胞壁目的的方法，称为酶溶法。酶溶法可分为外加酶法和自溶法两种。

（1）外加酶法　酶水解的特点是专一性强，因此在选择酶系统时，必须根据细胞的结构和化学组成来选择。溶菌酶能专一性地分解细胞壁上肽聚糖分子的 β-1，4-

糖苷键，因此主要用于细菌类细胞壁的裂解。酶解作用需要控制特定的反应条件，如温度和 pH。有时还需附加其他的处理，如辐射、渗透压冲击、反复冻融或加金属螯合剂 EDTA 等，或者利用生物因素促使酶解作用敏感，以获得一定的效果。

外加酶法的优点是：选择性释放产物，条件温和，核酸泄出量少，细胞外形完整。而其不足有：一是溶酶价格高，限制了大规模应用，若回收溶酶则又需增加分离纯化溶酶的操作和设备，其费用也不低；二是酶溶法通用性差，不同菌种需选择不同的酶，且不易确定最佳的溶解条件；三是产物抑制的存在，在溶酶系统中，甘露糖对蛋白酶有抑制作用，葡聚糖抑制葡聚糖酶，这可能是导致酶溶法胞内物质释放低的一个重要因素。

（2）自溶法　微生物代谢过程中，大多数都能产生一种能够水解细胞壁上聚合物结构的酶，以便使生长繁殖过程进行下去。生产中改变微生物生长环境，可以诱发其产生过剩的这种酶或激发产生其他的自溶酶，以达到自溶目的。

影响自溶过程的因素有温度、时间、pH、缓冲液浓度和细胞代谢途径等。微生物细胞的自溶常采用加热法或干燥法。自溶法在一定程度上可用于工业规模，如酵母自溶物的制备。自溶法的缺点是可引起蛋白质变性、悬浮液黏度增大。

2. 化学渗透法

使用某些化学试剂，如表面活性剂、金属螯合剂、有机溶剂、变性剂及抗生素等改变细胞壁或细胞膜的通透性（渗透性），从而使胞内物质有选择地渗透出来，这种处理方式称为化学渗透法。化学渗透法取决于化学试剂的类型以及细胞壁、膜的结构与组成，不同化学试剂对各种微生物作用的部位和方式有所不同。

（1）表面活性物质　常见的表面活性物质：Triton X-100、牛黄胆酸钠、十二烷基磺酸钠、吐温（Tween）等。其可促使细胞某些组分溶解，其增溶作用有助于细胞破碎。

（2）EDTA 螯合剂　革兰阴性菌的外层膜结构靠二价阳离子 Ca^{2+} 或 Mg^{2+} 结合脂多糖和蛋白质来维持，一旦 EDTA 将 Ca^{2+} 或 Mg^{2+} 螯合，大量的脂多糖分子将脱落，使细胞壁外层膜出现洞穴。这些区域由内层膜的磷脂来填补，从而导致内层膜通透性增加。

（3）有机溶剂　有机溶剂可溶解细胞壁中的磷脂层，使细胞破坏。常用的有机溶剂有丁酯、丁醇、甲苯、二甲苯、三氯甲烷及高级醇等。

（4）变性剂　变性剂与水中氢键作用，削弱溶质分子间的疏水作用，从而使疏水性化合物溶于水溶液。常用的变性剂有盐酸胍（guanidine hydrochloride）和脲（urea）。

根据各种试剂的不同作用机制，将几种试剂合理地搭配使用，能有效地提高胞内物质的释放率。

化学法和酶法一样也存在对产物的释出选择性好、细胞外形较完整、碎片少、核酸等胞内杂质释放少、便于下一步分离等优点，故使用较多。但该法容易引起活性物质失活破坏，因此根据生化物质的稳定性来选择合适的化学试剂和操作条件是非常重要的。另外，化学试剂的加入，常会给随后产物的纯化带来困难，并影响最终产物的纯度。如表面活性剂的存在常会影响盐析中蛋白质的沉淀和疏水色谱，因此必须注意除去。

（三）选择破碎方法的依据

通常在选择破碎方法时，应从以下四方面考虑。

① 处理量的大小。

② 细胞壁的强度和结构。

③ 目标产物对破碎条件的敏感性。

④ 破碎后固液分离的难易程度。

适宜的操作条件应从高的产物释放率、低的能耗和便于后步提取这三方面进行权衡。

五、 细胞破碎效果的检查

细胞的破碎效果，用破碎率来表示。破碎率定义为被破碎细胞的数量占原始细胞数量的百分比，可采用以下几种测定方法。

1. 直接测定法

利用适当的方法，检测破碎前后的细胞数量即可直接计算其破碎率。对于破碎前的细胞，可利用显微镜或电子微粒计数器直接计数。破碎过程中所释放出的物质（如 DNA 和其他聚合物组分）会干扰计数，可采用染色法把破碎的细胞与未受损害的完整细胞区分开来，以便于计数。该方法主要的困难是寻找一种合适、可用的细胞染色技术。

2. 目的产物测定法

目的产物测定法是指细胞破碎后，通过测定破碎液中目的产物的释放量来估算破碎率。通常将破碎后的细胞悬浮液用离心法分离细胞碎片，测定上清液中目的产物（如蛋白质或酶）的含量或活性，并与100％破碎率获得的标准数值比较，计算其破碎率。

3. 测定导电率

细胞破碎后，大量带电荷的内含物被释放到水相，使导电率上升。导电率随着破碎率的增加而呈线性增加。由于导电率的大小取决于微生物的种类、处理的条件、细胞的浓度、温度和悬浮液中原电解质的含量等，因此，正式测定前，应预先用其他方法制定标准曲线。

【实训任务1】

α-干扰素基因工程菌的破碎

一、 所属项目与任务编号

1. 所属项目：α-干扰素的制备
2. 任务编号：0202

二、 实训目的

1. 理解超声波破碎的基本原理。
2. 熟悉超声波破碎仪的基本构造及附属器件。
3. 能熟练使用超声波破碎仪破碎细菌细胞。

三、 实训原理

α-干扰素基因工程菌属大肠埃希菌，是革兰阴性菌。革兰阴性菌细胞壁的肽聚糖为单层网状结构，而且只有30%的肽聚糖亚单位彼此交联，故其网状结构显得比较疏松，用一定功率的超声波可将其破碎，释放细胞质。

一定功率的超声波在液体中会形成许多小气泡（称为“空穴”），气泡会被压缩直至破裂，释放出猛烈的冲击波，将大量声能转化成机械能，引起强烈的剪切力，使细胞破碎。

四、 材料与试剂

1. 材料：实训任务0201制得的冷冻保存的α-干扰素基因工程菌体。
2. 试剂：乙醇、氯化钠、磷酸氢二钠、磷酸二氢钠、磷酸。

五、 器具器皿

超声波破碎仪、超声探头、隔音箱、高速冷冻离心机、托盘天平、量筒、烧杯、玻璃棒、离心管、冰箱、透析袋等。

六、 操作步骤

1. 按照说明书检查超声波破碎仪，连接破碎仪和超声探头，接通电源。

2. 用75%的乙醇擦拭超声探头，将超声探头置入隔音箱固定好。

3. 称取10g菌体悬浮于50mL含100mmol/L NaCl的pH8.0 20mmol/L的磷酸盐缓冲液（配制方法见教材后附表3，下同）中，置冰浴中。

4. 将冰浴条件下的悬浮液放置在隔音箱内，调整支架使超声探头伸入液面下至少1cm，距烧杯底大于1cm，固定烧杯。

5. 在超声仪上设置好参数：超声破碎15次，30s/次，每次间隔30s，开启超声开关进行超声破碎。

6. 将超声后的悬浮液冰浴5min，重复步骤4和5再超声破碎1次。

7. 4℃下10000r/min离心30min，收集上清，弃沉淀。

8. 上清置于冰浴中，磁力搅拌下缓慢加入碾细的硫酸铵固体至85%饱和，4℃放置24h。

9. 4℃下10000r/min离心20min，收集蛋白质沉淀，溶于适量去离子水。

10. 用pH7.2的10mmol/L磷酸盐缓冲液透析过夜除去硫酸铵，中途至少更换3次磷酸盐缓冲液。

11. 然后移入0.1mol/L磷酸中，于4℃透析10～12h。

12. 用pH7.2的10mmol/L磷酸盐缓冲液透析至中性。

13. 4℃下10000r/min离心30min，弃沉淀，上清即为干扰素粗液，冰箱冷藏，待用。

特别说明

本实训操作中的步骤8~13可安排在课外进行。另酵母菌和其他细菌的破碎，可以参照上面的操作步骤1~7进行，需要注意调节相关参数，可结合破碎率检查来设定。

【实训任务2】

细胞色素c的粗提

一、 所属项目与任务编号

1. 所属项目：细胞色素c的制备

2. 任务编号：0301

二、 实训目的

1. 熟悉细胞色素 c 的理化性质及其生物学功能。
2. 掌握动物细胞预处理技术。
3. 熟悉过滤分离技术和盐析法。

三、 实训原理

细胞色素 c（cytochrome，Cyt）是呼吸链的一个重要组成成分，是一种含铁卟啉基团的蛋白质，主要作用是在生物氧化过程中传递电子。细胞色素 c 分子中含赖氨酸较高，所以等电点偏碱，pH 为 10.8，分子量为 12000～13000D。它易溶于水及酸性溶液，且较稳定，不易变性，组织破碎后，用酸性水溶液即能从细胞中浸提出来。

四、 材料与试剂

1. 材料：新鲜或冰冻猪心。
2. 试剂：硫酸、氨水、蒸馏水。

五、 仪器与器具

绞肉机、电动搅拌器、电子天平、烧杯、滴管、量筒、玻璃漏斗和纱布。

六、 操作步骤

1. 取新鲜或冰冻猪心，除去脂肪和韧带，用水洗去积血，将猪心切成小块，放入绞肉机绞碎。

2. 称取绞碎猪心肌肉 500g，放入 2000mL 烧杯中，加蒸馏水 1000mL，在电动搅拌器搅拌下用 1mol/L H_2SO_4 调 pH 至 4.0（此时溶液呈暗紫色），在室温下搅拌提取 2h。在提取过程中，使抽提液的 pH 保持在 4.0 左右。

3. 在即将提取完毕、停止搅拌之前，用 1mol/L 氨水调 pH 至 6.0，停止搅拌。

4. 用 8 层普通纱布压挤过滤，收集滤液。滤渣加入 750mL 蒸馏水，再按上述条件提取 1h，两次提取液合并。

5. 用 1mol/L 氨水调上述提取液至 pH7.2（此时等电点接近 7.2 的一些杂蛋白溶解度小，从溶液中沉淀下来），静置 30～40min 后过滤，所得滤液即可用人造沸石进行吸附。

【拓展知识】

细胞破碎技术的研究方向

1. 多种破碎方法相结合

化学法与物理法相结合，化学法取决于细胞壁膜的化学组成，物理法取决于细胞结构的机械强度，而化学组成又决定了结构的机械强度，组成的变化必然影响到强度的差异。可先用化学渗透法或酶法对细胞进行处理，破坏细胞壁膜的某些物质组成，使壁膜的机械强度下降，随后再用机械法处理，可大大提高细胞的破碎率。

2. 细胞破碎技术与上游技术相结合

在发酵培养过程中，培养基、生长期、操作参数等因素都对细胞壁膜的结构与组成具有一定的影响，因此调整或控制上游培养过程可有利于细胞破碎。

(1) 培养过程控制　在发酵培养过程的细胞生长后期，加入某些能抑制或阻止细胞壁物质合成的抑制剂（如青霉素、环丝氨酸等)，继续培养一段时间。新分裂的细胞其细胞壁存在缺陷，有利于破碎，而且有些胞内产物不经破碎即可直接渗透出来。

(2) 寄主细胞的选择　选择较易破碎的菌种作为寄主细胞，如革兰阳性细菌。

(3) 包涵体的组成　包涵体是重组蛋白在原核生物细胞内表达后形成的不溶性组分，是不具生物活性的蛋白质产物，其密度很大。寄主细胞破碎后，包涵体可用密度梯度离心机收集。收集的包涵体用变性剂溶解，再除去变性剂，即可得到恢复活性的蛋白质产品。

(4) 克隆噬菌体溶解基因　在细胞内引进噬菌体基因，培养结束后，控制一定条件，激活噬菌体基因，使细胞自内向外溶解，释放出内含物。

(5) 耐高温产品的基因表达　在细胞破碎和分离过程中，为了防止产品失活而消耗的制冷能耗是相当可观的。如果产品能表达成耐高温型，杂蛋白仍然保持原特性，就可在较高温度下将产品与杂质分开，这样既节省了冷却费用，又简化了分离步骤。

3. 细胞破碎技术与下游技术相结合

细胞破碎与固液分离紧密相关。当破碎率高而碎片太小时，难以固液分离，所以必须从后面分离过程的整体来进行细胞破碎的操作，即破碎过程要易于细胞碎片的除净。

【复习思考】

1. 简述高压匀浆法破碎细胞的过程及影响因素。

2. 简述球磨法破碎细胞的过程及影响因素。

3. 简述超声波破碎细胞的原理与影响因素。

4. 破碎细胞的化学法有哪些?

5. 细胞破碎效果检查的方法有哪些?

模块三

固液分离

单元一

过滤分离

【学习目标】

1. 理解过滤的基本原理。
2. 了解过滤的分类。
3. 熟悉常用的过滤介质。
4. 理解过滤的影响因素。
5. 熟悉常用的过滤装置。

【基础知识】

一、 过滤的基本原理

利用多孔性介质（如滤纸、多孔塑料、微孔滤膜等）作为筛板截留固-液悬浮液中的固体粒子，进行固液分离的方法称为过滤。当悬浮液流过筛板时，根据筛板孔径的大小只允许液体和小于筛板孔径的颗粒物通过筛板，大于筛板孔径的颗粒物被阻截在筛板之上，从而实现固液分离的操作。其中多孔介质称为过滤介质；所处理的悬浮液称为滤浆；滤浆中被过滤介质截留的固体颗粒称为滤饼或滤渣；通过过滤介质后的液体称为滤液。驱使液体通过过滤介质的推动力可以有重力、压力（或压差）和离心力。过滤操作的目的可能是为了获得清净的液体产品，也可能是为了得到固体产品。

二、 过滤的分类

（1）按料液流动方向不同，过滤可分为常规过滤和错流过滤　常规过滤中滤浆流动的方向与过滤介质垂直；错流过滤中料液流动的方向与过滤介质平行，能清除过滤介质表面的滞留物，使滤饼不容易形成，保持较高的滤速。错流过滤的过滤介质通常为微孔膜或超滤膜。

（2）按操作压力的不同，过滤可分为常压过滤、减压过滤和加压过滤。

（3）按过滤方式的不同，过滤可分为表面过滤和深层过滤　表面过滤是过滤介质的孔道小于待滤液中颗粒的大小，过滤时固体颗粒被截留在介质表面，如滤纸与微孔滤膜的过滤作用；深层过滤是介质的孔道大于待滤液中颗粒的大小，但当颗粒随液体流入介质孔道时，靠惯性碰撞、扩散沉积以及静电效应被沉积在孔道和孔壁上，使颗粒被截留在孔道内。

三、过滤介质

1．过滤介质的特点

过滤介质亦称滤材，为滤渣的支持物，其特点有以下几个方面。

① 由惰性材料制成，既不与滤液起反应，也不吸附或很少吸附待滤液中的有效成分。

② 过滤介质必须耐酸、耐碱、耐热，适用于过滤各种溶液。

③ 过滤阻力小、滤速快、反复应用易清洗。

④ 应具有足够的机械强度，价廉、易得。

2．常用的过滤介质

（1）滤纸　分为普通滤纸和分析用滤纸，其致密性与孔径大小相差较大。普通滤纸孔径为1～7μm，常用于少量液体的过滤。经环氧树脂和石棉处理的为α-纤维素滤纸，其强度和过滤性能均有所提高。

（2）脱脂棉　过滤用的脱脂棉应为长纤维，否则纤维易脱落，影响滤液的澄清，适用于口服液体制剂的过滤。

（3）织物介质　包括棉织品纱布、帆布等，常用于精滤前的预滤；丝织品绢布，既可用于一般液体的过滤，也可用于注射剂的脱碳过滤；合成纤维类尼龙、聚酯等，耐酸碱性强，不易被微生物污染，常用作板框压滤机的滤布。

（4）烧结金属过滤介质　系将金属粉末烧结成多孔过滤介质，用于过滤较细的微粒。如以钛粉末烧结的滤器，用于注射剂的初滤。

（5）多孔塑料过滤介质　系将聚乙烯、聚丙烯等用烧结法制备的管状滤材，优点是化学性质稳定、耐酸碱、耐腐蚀，缺点是不耐热。孔径有1μm、5μm、7μm等，其中1μm可用于注射剂的过滤。

（6）垂熔玻璃过滤介质　系用中性硬质玻璃烧结而成的、孔隙错综交叉的多孔型滤材。广泛用于注射剂的过滤。

（7）多孔陶瓷　用白陶土或硅藻土等烧结而成的筒式滤材，有多种规格，主要用于注射剂的精滤。

(8) 微孔滤膜　是高分子薄膜过滤材料，厚度为 0.12～0.15mm，孔径从 0.25～14μm，有多种规格。包括乙酸纤维素酯膜、硝酸纤维素酯膜、乙酸纤维酯和硝酸纤维酯的混合膜、聚氯乙烯膜、聚酰胺膜、聚碳酸酯膜和聚四氟乙烯膜等。微孔滤膜主要用于注射剂的精滤和除菌过滤。特别适用于一些不耐热产品，如胰岛素、辅酶等。此外还可用于无菌检查，灵敏度高，效果可靠。

四、 过滤装置

常用的过滤装置主要有以下几种。

1. 普通漏斗

常用的普通漏斗有玻璃漏斗和布氏漏斗，常用滤纸、长纤维的脱脂棉及绢布等作过滤介质，适用于少量液体制剂的预滤。

2. 垂熔玻璃滤器

垂熔玻璃滤器一般分为垂熔玻璃漏斗、滤球及滤棒三种（图 3-1)。垂熔玻璃滤器的优点是化学性质稳定（强碱和氢氟酸除外)；吸附性低，一般不影响药液的 pH；可热压灭菌；易洗净，不易出现裂漏、碎屑脱落等现象。缺点是价格高，脆而易破，操作压力不得超过 98.06kPa/cm^2。使用时可在垂熔漏斗内垫上一绢布或滤纸，可防污物堵塞滤孔，也有利于清洗，可提高滤液的质量。垂熔漏斗使用后要用水抽洗，并以 1%～2%硝酸钠硫酸液浸泡处理。

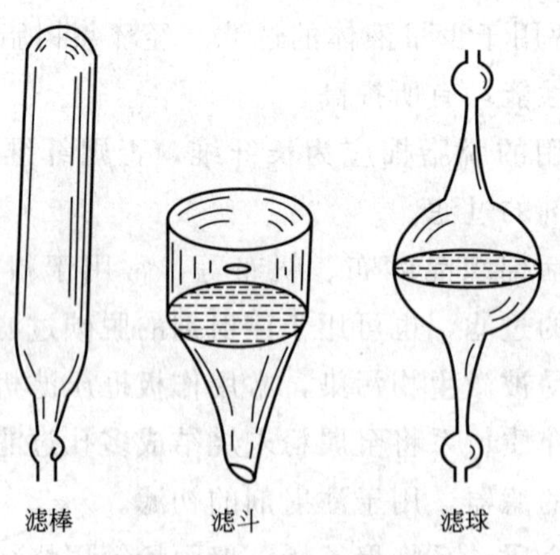

图 3-1　垂熔玻璃滤器示意图

3. 砂滤棒

砂滤棒主要有硅藻土滤棒和多孔素瓷滤棒两种。硅藻土滤棒质地疏松，一般适用于黏度高、浓度大的药液。根据自然滤速分为粗号（500mL/min 以上)、中号（300～500mL/min)、细号（300mL/min 以下)。注射剂生产常用中号。多孔素瓷滤棒质地致密，滤速比硅藻土滤棒慢，适用于低黏度的药液。

砂滤棒价廉易得，滤速快，适用于大生产中的粗滤，但砂滤棒易于脱砂，对药液吸附性强，难清洗，且有改变药液 pH 的现象，滤器吸留滤液多，因此砂滤棒用后要进行处理。

4．板框式压滤机

板框压滤机具有较长历史，由多个中空滤框和实心滤板交替排列在支架上组成（图 3-2），是一种在加压下间歇操作的过滤设备。此种滤器的过滤面积大，截留的固体量多，且可在各种压力下过滤。可用于黏性大、滤饼可压缩的各种物料的过滤，特别适用于含少量微粒的待滤液。在注射剂生产中，多用于预滤用。缺点是装配和清洗麻烦，容易滴漏。

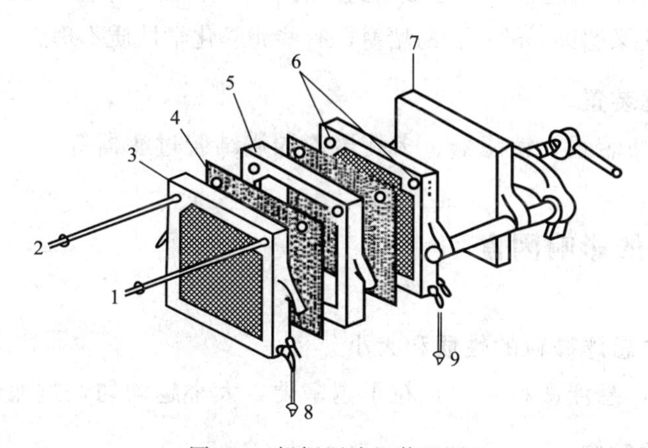

图 3-2　板框压滤机装置图

1—滤浆进口；2—洗涤水入口；3—滤板；4—滤布；5—滤框；6—通道口；7—终板；8，9—滤液出口

5．微孔滤膜过滤器

以微孔滤膜作过滤介质的过滤装置，称为微孔滤膜过滤器。常用的有圆筒形和圆盘形两种（图 3-3、图 3-4）。圆筒形内有微孔滤膜过滤器若干个，过滤面积大，适用于注射剂的大生产。

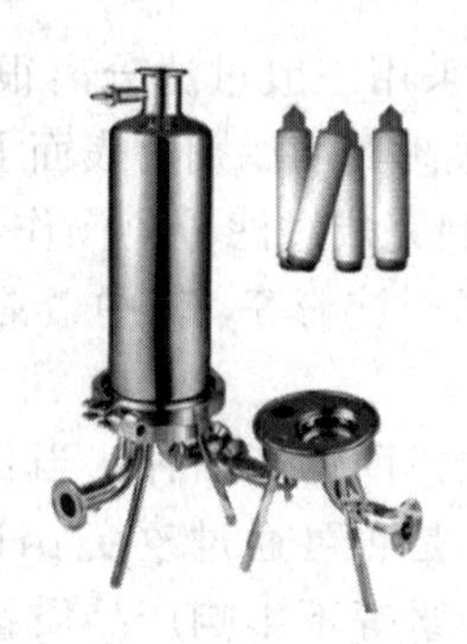

图 3-3　筒形微孔滤膜过滤器

微孔滤膜过滤器的优点：微孔孔径小，截留能力强，有利于提高澄明度；孔径大小均匀，即使加快速度，加大压力差也不易出现微粒“泄漏”现象；在过滤面积相同、

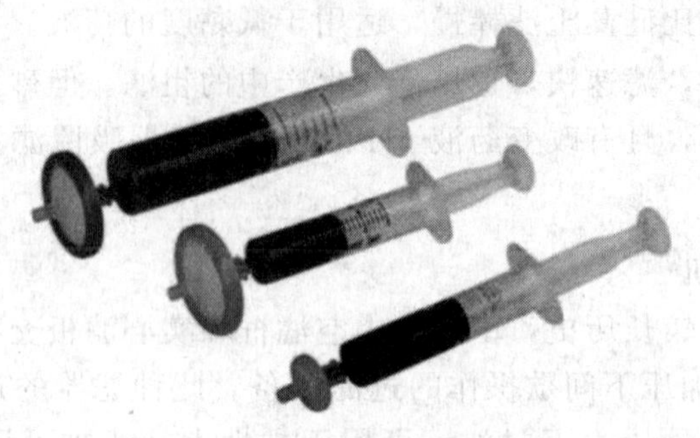

图 3-4 圆盘形微孔滤膜过滤器

截留颗粒大小相同的情况下，微孔滤膜的滤速比其他滤器（如垂熔玻璃漏斗、砂滤棒）快 40 倍；滤膜无介质的迁移，不会影响药液的 pH，不滞留药液；滤膜用后弃去，不会造成产品之间的交叉感染。缺点：易堵塞，有些滤膜化学性质不理想。

6．其他过滤装置

另外还有超滤装置、钛滤器、多孔聚乙烯烧结管过滤器等。

五、 过滤的影响因素

1．混合物中悬浮微粒的性质和大小

一般情况下，悬浮微粒越大，粒子越坚硬，大小越均匀，过滤越容易进行。

2．混合液的黏度

流体的流动特性对过滤影响很大，流体的黏度越大，过滤越困难。

3．操作条件

固液分离操作中温度、pH 等的控制也会影响过滤的速率。温度升高，流体黏度降低；调整 pH，也可改变流体黏度，从而使过滤效率得到提高。

4．助滤剂的使用

当固体颗粒易受压变形时，采用一般过滤分离很困难，常采用加助滤剂的方式，使悬浮液中大量的细微胶体粒子吸附到助滤剂的表面上，从而使滤饼的可压缩性下降，过滤阻力降低，滤速增大，以顺利完成过滤分离操作。常用的助滤剂有硅藻土、纤维素、石棉粉、珍珠岩、白土、炭粒、淀粉等，其中最常用的是硅藻土。选择和使用助滤剂时应考虑以下几个方面。

（1）根据目的物质的性质选择助滤剂品种　当目的物质存在于液相时，应注意目的物质是否会被助滤剂吸附，是否可通过改变 pH 来减少吸附；当目的物质存在于固相时，一般使用淀粉、纤维素等不影响产品质量的助滤剂。

（2）根据过滤介质和过滤情况选择助滤剂品种　当使用粗目滤网时，易泄漏，采用石棉粉、纤维素、淀粉等助滤剂可有效地防止泄漏；当使用细目滤布时，宜采用细硅藻土；当使用烧结或黏结材料制成的过滤介质时，宜选用纤维素助滤剂，这样可使滤饼易于剥离，并可防止堵塞毛细孔。

（3）粒度选择　助滤剂的粒度及粒度分布对过滤速率和滤液澄清度影响很大。助滤剂的粒度必须与悬浮液中固体粒子的尺寸相适应，如颗粒较小的悬浮液应采用较细的助滤剂。商品硅藻土助滤剂有多种规格，粒度分布不同，因此使用前应针对不同料液的特性和过滤要求，通过实验，确定其最佳型号。

（4）用量的确定　助滤剂的用量必须适宜。用量过少，起不到有效的助滤作用；用量过大，不仅浪费，而且会因助滤剂成为主要的滤饼阻力而使过滤速率下降。当采用预涂助滤剂的方法时，间歇操作助滤剂的最小厚度为 2mm；连续操作则要根据所需的过滤速率来确定。

助滤剂的使用方法有两种：一种是在过滤介质表面预涂助滤剂；另一种是直接加入到混合液中；也可两种方法兼用。对于第二种方法，使用时需要一个带搅拌器的混合槽，充分搅拌混合均匀，防止分层沉淀。

5．过滤分离设备和技术

采用不同的过滤技术，其分离效果不同；同一种过滤技术，选用的设备结构、型号不同，其分离效果也不同。在选择过滤设备和技术时，应根据被分离混合物的性质、分离要求、操作条件等因素综合考虑。

根据以上影响过滤的因素，为提高过滤速率和效果，一般可采取如下的措施。

① 选择合适的过滤介质。如滤纸、滤布、滤板、玻璃纤维等。

② 增大过滤的表面积。折叠滤纸、增大滤板面积。

③ 添加助滤剂。如硅藻土、沸石、活性炭等。

④ 增加过滤推动力。筛板上面加压，筛板下面减压。

⑤ 提高温度。在样品不受破坏的情况下，提高滤液温度，减少滤液的黏滞力。

【实训任务】

青霉素发酵液的过滤

一、 所属项目与任务编号

1. 所属项目：青霉素的提取与精制
2. 任务编号：0101

二、 实训目的

1. 理解过滤的基本原理。
2. 熟悉板框压滤机的基本构造。
3. 掌握板框压滤机的操作方法和操作流程。
4. 能熟练使用板框压滤机过滤青霉素发酵液。

三、 实训原理

一般青霉素的发酵液组成比较复杂，其中除了液体发酵液外，还有青霉菌菌体及残存的固体培养基，一般可以用过滤的方法将发酵液与固体培养基、微生物菌体分离。这是发酵液预处理的第一步。

过滤是一种固液分离的方法，一般利用多孔性介质作为筛板截留固体粒子。板框压滤机由于其过滤面积大、截留的固体量多，且可在各种压力下过滤，常用于微生物发酵液中固体物质的去除。

四、 材料

青霉素发酵液。

五、 仪器与器具

板框压滤装置：压滤机、空压机、压力罐、滤液槽等。

六、 板框压滤工艺装置和流程

1. 板框压滤工艺装置和流程图（图 3-5）

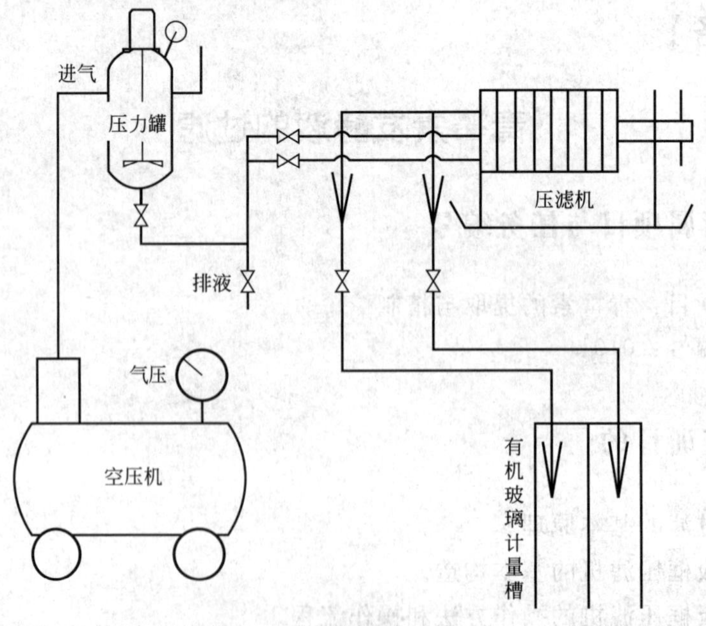

图 3-5 板框压滤工艺装置图

2．板框压滤机管路分布图（图 3-6）

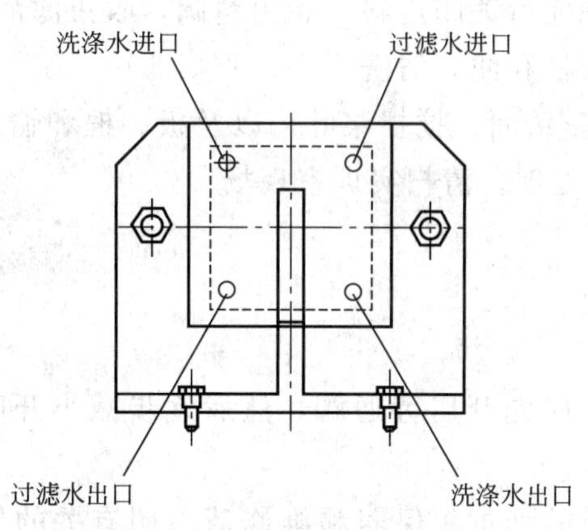

图 3-6　板框压滤机管路分布图

3．板框压滤的工艺流程

过滤时悬浮液在一定的压差下，经滤浆通道由滤框角端的暗孔进入框内，滤液分别穿过两侧的滤布，再经相邻滤板的凹槽汇集至滤液出口排走，固相则被截留于框内形成滤饼，待框内充满了滤饼，过滤即可停止。

若滤饼需要洗涤，要先关闭洗涤板下部的滤液出口，将洗涤液压入洗涤通道后，经洗涤板角端的侧孔进入两侧板面，洗涤液在压差作用下穿过一层滤布和整个滤框厚的滤饼层，然后再横穿一层滤布，由过滤板上的凹槽汇集至下部的滤液出口排出。

七、 操作步骤

1. 先将板框过滤机的紧固手柄全部松开，板、框清洗干净。

2. 将干净滤布安放在滤框两侧，注意必须将滤布四角的圆孔与滤框四角的圆孔中心对正，以保证滤液和清洗液流道的畅通。

3. 安装时应从左至右进行，装好一块，用手压紧一块。板框过滤机板、框排列顺序为：固定头-非洗涤板-滤框-洗涤板-滤框-非洗涤板-可动头。用压紧装置压紧后待用。装完以后即可紧固手柄至人力转不动为止。

4. 往压力容器内加入青霉素发酵液，不要超过视镜的 1/2 处。打开控制屏上的电源开关，开启电机搅拌均匀。

5. 约 5min 后，检查所有阀门是否已关紧。确保全部关紧后，待气压达到 0.4MPa 后停止搅拌。打开压力容器的进气阀，再打开空压机出口转换阀送气，同时注意控制压力容器进气阀的开度，控制混合釜压力传感器的指示值在 0.1～0.2MPa，并一直维持在恒压条件下操作。

6. 先打开过滤机的出料阀，再打开板框过滤机的进料阀，开始过滤操作。

7. 注意看看板框是否泄漏，确认正常后，观察滤液情况。一般开始出来的比较混浊，待滤液变清后，立即开始收集。

8. 发酵液全部过滤完后关闭进料阀和出料阀，收集滤液于4℃冷藏，待用。

9. 卸开板框，将板框和滤布清洗干净，收集滤饼，统一灭菌处理。

10. 用水清洗黏在釜壁面、搅拌桨叶，以及板、框和输料管上的残渣，收集洗涤液和残渣，统一灭菌处理。清扫实训室现场。

八、 注意事项

1. 启动空压机时，应先开启旁通阀，然后逐步减小开度。减压后的气体压力不得超过0.2MPa。

2. 空压机、电机等的维护、保养和维修请参照有关的使用说明书和有关的电机手册。平时应注意电机、空压机的加油和保养。

3. 如果电动搅拌器为无级调速。使用时首先接上系统电源，打开调速器开关，调速钮一定由小到大缓慢调节，切勿反方向调节或调节过快损坏电机。

4. 设备安装调试好以后，尽量不要随意变动，以免影响使用。

【拓展知识】

膜过滤技术的发展

1. 反渗透技术

对透过的物质具有选择性的薄膜，称为半透膜。当把相同体积的稀溶液和浓溶液分别置于半透膜的两侧时，稀溶液中的溶剂将自然穿过半透膜而自发地向浓溶液一侧流动，这一现象称为渗透。当渗透达到平衡时，浓溶液侧的液面会比稀溶液的液面高出一定高度，即形成一个压差，此压差即为渗透压。渗透压的大小取决于溶液的固有性质，即与浓溶液的种类、浓度和温度有关，而与半透膜的性质无关。若在浓溶液一侧施加一个大于渗透压的压力时，溶剂的流动方向将与原来的渗透方向相反，开始从浓溶液向稀溶液一侧流动，这一过程称为反渗透。

反渗透是渗透的一种反向迁移运动，是一种在压力驱动下，借助于半透膜的选择截留作用将溶液中的溶质与溶剂分开的分离方法，它已广泛应用于各种液体的提纯与浓缩。其中最普遍的应用实例便是在水处理工艺中，用反渗透技术将原水中的无机离子、细菌、病毒、有机物及胶体等杂质去除，以获得高质量的纯净水。

2. 电渗析技术

在电场作用下，溶液中的带电溶质粒子（如离子）通过膜而迁移的现象称为电渗析。利用电渗析进行分离和提纯物质的技术称为电渗析法。电渗析过程是电化学过程和渗析扩散过程的结合，在外加直流电场的驱动下，利用离子交换膜的选择透过性（即阳离子可以透过阳离子交换膜，阴离子可以透过阴离子交换膜），阴阳离子分别向阳极和阴极移动。离子迁移过程中，若膜的固定电荷与离子的电荷相反，则离子可以通过；如果它们的电荷相同，则离子被排斥，从而实现溶液淡化、浓缩、精制或纯化等目的。

电渗析技术是20世纪50年代发展起来的一种技术，最初用于海水淡化，现在广泛用于化工、轻工、冶金、造纸、医药工业，尤以制备纯水和在环境保护中处理“三废”最受重视，如用于酸碱回收、电镀废液处理以及从工业废水中回收有用物质等。

3. 纳滤技术

纳滤技术是介于超滤与反渗透之间的一种膜分离技术，其截留分子量在80～1000的范围内，孔径为几纳米，因此称纳滤。纳滤技术是从反渗透技术中分离出来的一种膜分离技术，是超低压反渗透技术的延续和发展分支，已经广泛应用于海水淡化、超纯水制造、食品工业、环境保护等诸多领域，成为膜分离技术中的一个重要的分支。

4. 膜蒸馏技术

膜蒸馏技术是将膜分离过程与蒸馏过程相结合的分离方法。膜蒸馏所选用的膜是疏水微孔膜，直径一般为0.1～0.45μm。膜蒸馏操作时，膜的一侧是热料液，膜的另一侧是低温溶剂。因膜是疏水性的，当膜两侧压力差较小时，膜两侧的液体均不能进入膜孔，即膜孔为充气孔。由于高温侧膜表面的蒸气压 P_{w1} 大于低温侧膜表面的蒸气压 P_{w2}，在膜两侧蒸气压差的推动下，高温侧溶剂气化的蒸气透过膜而进入低温侧冷凝，使溶剂从热料液中分离出来，达到高温侧料液浓度提高的目的，而低温侧则得到纯溶剂。

【复习思考】

1. 简述过滤的基本原理和分类。
2. 简述常用的过滤介质和过滤装置。
3. 影响过滤效果的因素有哪些？分别是怎样影响的？
4. 提高过滤速率和效果的措施有哪些？

单元二

离心分离

【学习目标】

1. 熟悉离心分离的基本原理。
2. 理解影响离心分离的因素。
3. 熟悉离心分离的方法与设备。

【基础知识】

一、 离心分离的基本原理

当物体围绕一中心轴做圆周运动时，运动物体就受到离心力的作用，旋转的速度越高，运动物体所受到的离心力越大。如果装有悬浮液或高分子溶液的容器进行高速水平旋转，强大的离心力作用于溶剂中的悬浮颗粒或高分子，会使其沿着离心力的方向运动而逐渐背离中心轴。在相同转速条件下，容器中不同大小的悬浮颗粒或高分子溶质在离心力的作用下会沿着容器壁以不同的速率沉降，经过一定时间的离心，就可实现不同悬浮颗粒或高分子溶质的有效分离。

二、 离心分离的方法

1. 差速离心法

在同一离心条件下，不同的粒子在离心力场中的沉降速度不同，形成了沉降的差别。通过不断增加相对离心力，使一个非均匀混合液内大小、形状不同的粒子分步沉淀的方法称差速离心法。操作过程中，一般是在离心后用倾倒的办法把上清液与沉淀分开，然后将上清液加高转速离心，分离出第二部分沉淀，如此往复加高转速，逐级分离出所需要的物质。

差速离心的分辨率不高，沉淀系数在同一个数量级内的各种粒子不容易分开，常用于其他分离前的粗制品提取。如图 3-7 所示，用差速离心法分离破碎细胞的各组分。

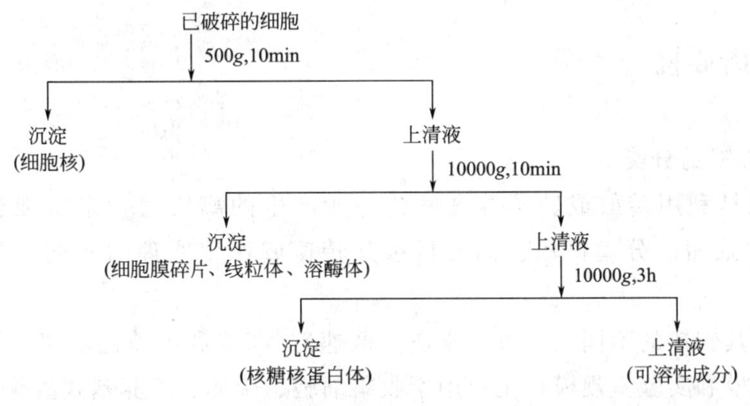

图 3-7　差速离心法分离破碎细胞各组分

（“500g”“10000g”表示离心力）

2．速率区带离心法

速率区带离心法是在离心前于离心管内先装入预制的一种正密度梯度介质（如蔗糖、甘油、KBr、CsCl 等），待分离的样品铺在梯度液的顶部、离心管底部或梯度层中间，同梯度液一起离心。离心期间，样品中各组分会按照它们各自的沉降速率沉降，被分离成一系列的样品组分区带，故称“速率区带离心”。

预制密度梯度介质液的作用有两个：一是支撑样品，二是防止离心过程中产生的对流对已形成区带的破坏作用。离心后在近旋转轴处的介质密度最小，离旋转轴最远处介质的密度最大，但最大介质密度必须小于样品中粒子的最小密度（即 $\rho_P > \rho_m$），否则，就不能使样品各组分得到有效分离。也正因如此，该离心法的离心时间要严格控制，既有足够的时间使各种粒子在介质梯度中形成区带，必须在沉降速率最大的样品沉降到离心管底部之前就停止离心。不然，样品中所有的组分都将共沉下来，不能达到分离的目的。由于此法是一种不完全的沉降，沉降受物质本身大小的影响较大，一般是应用在物质大小相异而密度相同的情况下。常用的梯度液有 Ficoll、Percoll 及蔗糖。

3．等密度离心法

等密度离心法是在离心前预先配制介质的密度梯度液，此种密度梯度液包含了被分离样品中所有粒子的密度，待分离的样品铺在梯度液顶上或和梯度液先混合。离心开始后，当梯度液由于离心力的作用逐渐形成“底浓而管顶稀”的密度梯度，与此同时原来分布均匀的粒子也发生重新分布。当管底介质的密度大于粒子的密度，即 $\rho_m > \rho_P$ 时，粒子上浮；最后粒子进入到一个它本身的密度位置即 $\rho_P = \rho_m$，此时粒子不再移动。粒子形成纯组分的区带，与样品粒子的密度有关，而与粒子的大小和其他参数无关，因此只要转速、温度不变，则延长离心时间也不能改变这些粒子的成带位置。此法一般应用于大小相近，而密度差异较大的物质的分离。常用的梯度液是 CsCl。

三、离心机

1. 离心机的分类

离心机是利用转鼓或转子等高速转动所产生的离心力，来实现悬浮液、乳浊液分离或浓缩的分离机械。离心机按其转速或作用原理的不同，分成不同的类别。

(1) 按其转速的不同　可分为常速（低速）、高速和超速离心机。常速离心机具有工业规模和实验室规模，主要用于收集细胞、菌体、培养基残渣等较大的固形颗粒；高速离心机用于分离细胞碎片、较大的细胞器、生物大分子盐析沉淀物等较小的固形颗粒；超速离心机用于生物大分子、细胞器、病毒等分子水平的微粒的分离。高速离心机和超速离心机，由于转速快，多需要配有冷冻设备。

(2) 按其作用原理的不同　可分为过滤式离心机和沉降式离心机两大类。过滤式离心机的主要原理是通过高速运转的离心转鼓产生的离心力（配合适当的滤材），将固液混合液中的液相加速甩出转鼓，而将固相留在转鼓内，达到分离固体和液体的效果，俗称“脱水”的效果；沉降式离心机的主要原理是通过转子高速旋转产生的强大离心力，加快混合液中不同比重成分（固相或液相）的沉降速度，把样品中不同沉降系数和浮力密度的物质分离开。

2. 高速冷冻离心机

高速冷冻离心机指最高转速可达 20000r/min、具备冷冻性能的沉降式离心机（图 3-8）。高速冷冻离心机所用角式转头（转子）多采用钛合金或铝合金制成（图 3-9）。离心管为具盖的、由聚乙烯或聚碳酸酯或聚丙烯制成的管状容器（图 3-10）。这类离心机多用于收集微生物、细胞碎片、细胞、大的细胞器、硫酸沉淀物以及免疫沉淀物等。

3. 离心机操作安全注意事项

由于离心机的高速旋转并由此产生极大的力，如使用方法不正确，可能造成极其危险的隐患。

(1) 平衡转子　为确保离心机的安全运转，使用时必须平衡转子，否则转轴及转子组件可能会损坏；严重时转子可能会停转，造成事故。平衡离心管通常的原则是用托盘天平平衡所有样品管，差值控制在 1% 以内或更少。把平衡好的试管成对放在相对的位置上。切记绝对不可以用目测来平衡离心管，而要用天平。一个

图 3-8　高速冷冻离心机

图 3-9　离心机角式转子

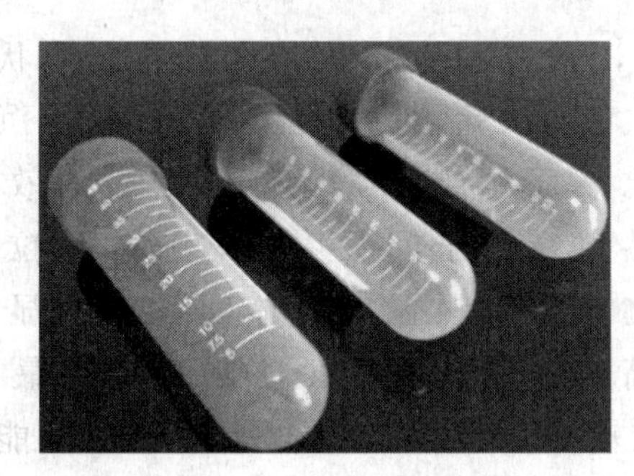

图 3-10　离心管

35mL 盛满液体的试管在 3000g 相对离心力（RCF）的加速下旋转，其有效重量要大于一个大块头的成年男子。

（2）安全锁　离心机通常有一个安全锁，以确保机盖盖上时电机才转动，同时阻止在转子停止运转之前打开机盖。不要使用没有安全锁的老式离心机或锁装置坏了的离心机。如遇停电而停止运转时，可参考说明书打开安全锁，从而打开机盖，取出离心物品。不要在转子运转时打开安全锁。

（3）注意确保头发及衣服远离旋转部件。

四、影响离心效果的因素

离心机的分离效率除了与离心机的类型及操作有关外，还与所分离的原料液的特性有关，即与悬浮液特性、乳浊液特性及固体颗粒的特性有关。

1. 悬浮液特性

悬浮液是由液相和悬浮于其中的固体颗粒组成的系统。悬浮液的物理化学性质对分离后的产品质量影响较大，这些性质包括悬浮液中固相颗粒的浓度以及固相和液相的特性等。悬浮液中固体颗粒较大、浓度较高时，可选择过滤式离心机，否则，可考虑选择沉降式离心机等。悬浮液中颗粒的聚集状态、静电力的作用以及颗粒密度的分布都影响悬浮液的性质，液体的物理性质（如密度、黏度和表面张力等）对悬浮液的性质也有影响，这些性质都会影响离心分离效果。通常情况下，悬浮液黏度越大，越难分离。

2. 乳浊液特性

乳浊液是由液相及悬浮于其中的一种或数种其他液体所组成的多相系统，其中至少有一种液体以液珠的形式均匀地分散在和它互不相溶的液体中。

乳浊液的物理性质，如液珠大小及分布、浓度、布朗运动及电现象等都会影响分离效果。液珠直径大、浓度小、黏度小的乳浊液易于分离，否则难以分离。通常情况下，分离乳浊液的分离机，其分离因数都很大。

3. 固体颗粒的特性

在固液分离过程中，颗粒的大小、黏度分布、形状、密度、表面性质等与分离效果密切相关，它们决定着过滤能否进行以及沉降速度的快慢。在悬浮液中，颗粒越小，比表面积越大，固液间的表面效应就越显著，越难分离。有些颗粒由于结晶力或分子间吸引力较强，颗粒与液体间有明显的界面，分离较容易；反之，如果颗粒与液体间没有明显的界面，分离则较困难。颗粒表面硬度较高时，比较稳定，不易破碎，最终分离效果较好；否则，表面软脆的颗粒在输送、搅拌、混合等过程中可能会引起破碎，影响分离效果。

【实训任务】

α-干扰素基因工程菌发酵菌体的收集

一、所属项目和任务编号

1. 所属项目：α-干扰素的制备

2. 任务编号：0201

二、 实训目的

1. 理解离心分离的基本原理。
2. 熟悉高速冷冻离心机的构造、离心转子和离心管。
3. 能熟练操作高速冷冻离心机。
4. 能用离心技术分离固体颗粒物和溶液。

三、 实训原理

α-干扰素基因工程菌发酵后，表达产生的α-干扰素在细菌细胞质中，因此要想获得干扰素，首先需要收集工程菌菌体，即将发酵液和工程菌分离。由于工程菌为大肠埃希菌，一般大小为0.5μm×(1～3)μm，常用的过滤方法不能有效分离菌体和发酵液。生产中或实验室基本都用高速冷冻离心的方法收集菌体，即在大于5000r/min的转速时，细菌菌体和发酵液在离心力的作用下会沿着容器壁以不同的速率沉降，经过一定时间，就可实现两者的有效分离。冷冻离心主要是需避免离心时温度对目标产物产生的影响。

四、 材料和试剂

1. 材料：α-干扰素基因工程菌发酵液。
2. 试剂：磷酸氢二钠、磷酸二氢钠、氯化钠。

五、 仪器和器具

高速冷冻离心机、离心转子、离心管、托盘天平、电子天平、烧杯、量筒、玻璃棒、钥匙、滴管。

六、 操作步骤

1. 按照附表3配制pH7.5 0.02mol/L的磷酸盐缓冲溶液，含NaCl 0.02mol/L。

2. 检查离心机

① 离心机是否已固定？如没有，请按说明书固定离心机。

② 离心机是否处于水平位置？如没有，请按说明书调整至水平。

③ 检查电源线、插头、插座是否完好？如有损坏，必须更换。

3. 接通电源，打开机盖，选择合适的转子放入离心机内，关上机盖。

4. 将发酵液分装入离心管，两两配对用托盘天平平衡，对称放入离心机转子中，然后将转子的盖子拧紧，盖上机盖。

5. 在操作面板上设置温度“Temp”4℃、转速“Speed”5000r/min、离心时间“Time”15min等参数，按启动“Start”键开始运行，直至自动停止。

6. 打开机盖，旋开转子的盖子，取出离心管，收集上清，统一灭菌处理。

7. 加入1/2离心管体积的pH7.5 0.02mol/L的磷酸盐缓冲溶液，悬浮菌体沉淀。

8. 两两平衡悬浮液，在4℃下，5000r/min，15min离心。

9. 重复上述步骤6～8，再洗菌一次。

10. 打开机盖，旋开转子的盖子，取出离心管，收集上清，统一灭菌处理。

11. 合并收集各离心管中的沉淀，称量，记录，冰箱冷冻保存，待用。

12. 在离心机机盖打开状态下，关闭电源，取出转子，用沾有75%酒精的消毒棉球擦拭转子表面及离心孔，然后用柔软干净的布擦拭干净。

13. 待离心机腔内温度与室温平衡后，用柔软干净的布擦干机腔内壁冷凝水，盖上机盖，填写仪器使用记录。

14. 清洗离心管，清洁实训场所。

七、 安全注意事项

1. 离心机开机前，请仔细按照说明书检查：是否固定、是否水平、腔内是否有异物、电源线是否完好等。

2. 转子必须安装到位、固定好，可用水平仪检测。

3. 离心机运作时，离心机周围30cm范围内不能有人和危险物品。

4. 离心物品一定要两两平衡，对称放入转子内，离心时离心物品要盖紧盖子。

5. 离心机运转时不要人为地打开离心机盖子，任何时候不可开盖使用离心机。

6. 在操作键盘显示不全或全部不显示时，不得使用离心机。

7. 离心机、转子等的日常维护保养，请严格按照说明书操作。

【拓展知识】

生物工业中几种常见的离心机

1. 碟片式离心机

碟片式离心机是沉降式离心机的一种，1877年由瑞典的Delaval发明，是目前工业生产中应用最广泛的离心机，如图3-11所示。根据图3-12碟片式离心机结构

图 3-11 碟片式离心机

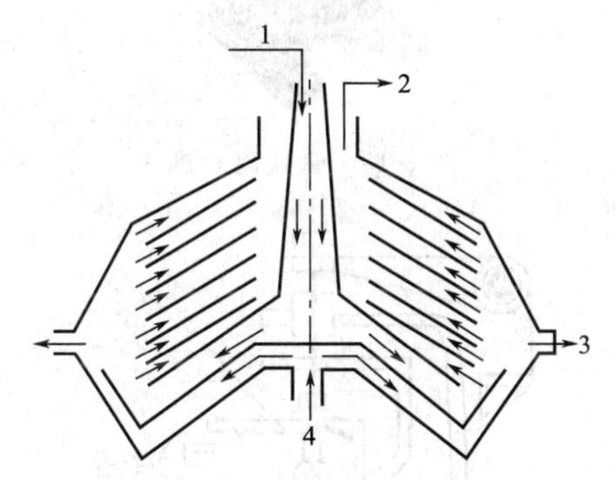

图 3-12 碟片式离心机结构示意图

1—生物悬浮液；2—离心后清液；

3—固相出口；4—循环液

示意图，可知悬浮液由轴中心加入，其中的固体颗粒（或重相）在离心力的作用下沿最下层的通道滑移到碟片边缘处，自转鼓壁排泄口引出；清液（或轻相）则沿着碟片向轴心方向移动，自环形清液口排出，从而达到固液分离的目的。

碟片式离心机的分离因数为 1000～20000，适合于细菌、酵母菌、放线菌等多种微生物细胞悬浮液及细胞碎片悬浮液的分离。它的生产能力较大，最大允许处理量达 $300m^3/h$，一般用于大规模的分离过程。

2. 管式离心机

管式离心机属沉降式离心机（图 3-13），是一种分离效率很高的离心分离设备，由于转鼓细而长，可以在很高的转速（15000～50000r/min）下工作，而不至于使转鼓内壁产生过高的压力。

管式离心机由转鼓、分离盘、机壳、机架、传动装置等组成，如图 3-14 所示。悬浮液在加压情况下由下部送入，经挡板作用分散于转鼓底部，受到高速离心力作用而旋转向上，轻液（或清液）位于转鼓中央，呈螺旋形运转向上移动，重液（或固体）靠近鼓壁。分离盘靠近中心处为轻液（或清液）出口孔，靠近转鼓壁处为重液出口孔。用于固液分离时，将重液出口孔用石棉垫堵塞，固体则附于转鼓周壁，待停机后取出。

图 3-13　管式离心机

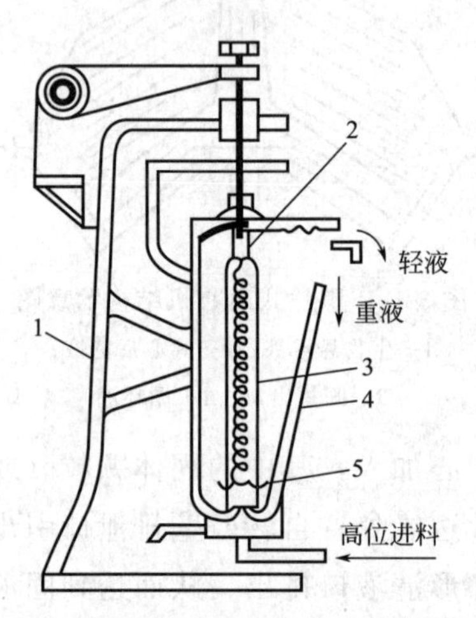

图 3-14　管式离心机结构示意图

1—机架；2—分离盘；3—转筒；4—机壳；5—挡板

管式离心机设备简单，操作稳定，分离效率高。在生物工业中，特别适合于一般离心机难以分离而固形物含量小于1%的发酵液的分离。对于固形物含量较高的发酵液，由于不能进行连续分离，需频繁拆机卸料，影响生产能力，且易损坏机件。

3．倾析式离心机

倾析式离心机靠离心力和螺旋的推进作用自动连续排渣，也称为“螺旋卸料沉降离心机”。倾析式离心机的转动部分由转鼓及装在转鼓中的螺旋输送器组成，两者以稍有差别的转速同向旋转。如图 3-15 所示，为并流型倾析式离心机工作原理图，悬浮液从进料管经进料口进入高速旋转的转鼓内，在离心力作用下，固体颗粒发生沉降分离，沉积在转鼓内壁上。堆积在转鼓内壁上的固相靠螺旋输送器推向转鼓的锥形部分，从排渣口排出。与固相分离后的液相，经液相回流管从转鼓大端的溢流孔溢出。

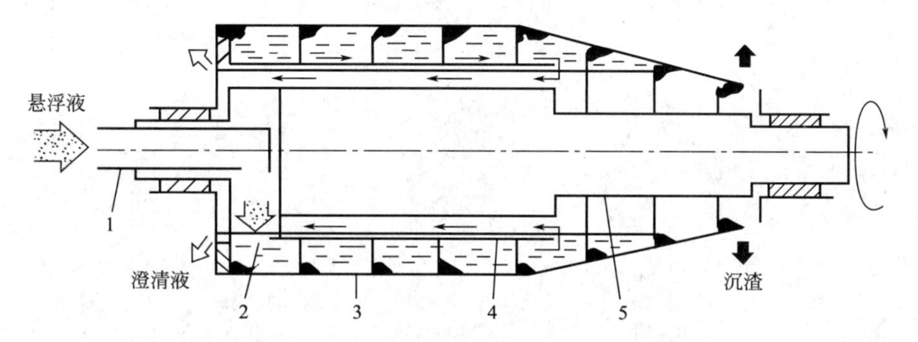

图 3-15　并流型倾析式离心机工作原理图

1—进料管；2—进料口；3—转鼓；4—回流管；5—螺旋输送器

倾析式离心机具有操作连续、适应性强、应用范围广、结构紧凑和维修方便等优点，特别适合于含固形物较多的悬浮液的分离。这种离心机的分离因数一般较低，大多为1500～3000，因而不适于细菌、酵母菌等微小微生物悬浮液的分离。此外，液相的澄清度也相对较差。

【复习思考】

1. 为什么离心技术能分离固体和溶液？
2. 离心分离的方法有哪些？
3. 影响离心分离效果的因素有哪些？
4. 高速冷冻离心机的安全注意事项有哪些？

模块四

可溶性组分的分离

单元一

吸附分离

【学习目标】

1. 理解吸附分离的基本原理。
2. 熟悉吸附分离技术的基本分类。
3. 熟悉吸附剂、展开剂和洗脱剂的类别、要求和作用。
4. 熟悉柱吸附分离的基本操作步骤和注意事项。

【基础知识】

一、 吸附分离技术

1. 吸附分离原理

吸附分离技术是靠溶质中不同组分与吸附剂之间的分子吸附力的差异而分离的方法。当混合物被流动相带入装有吸附剂的分离柱，在重力或压力差的作用下于柱中移动时，由于各组分在固定相中的分配系数，或溶解、吸附、交换、渗透或亲和能力的差异，各组分在固定相和流动相间不断地发生吸附、解吸、再吸附、再解吸……连续多次的吸附平衡过程使各组分随流动相移动的速率不同。当流动相移动一定距离后，各组分在分离柱内分层，从而达到各组分分离的目的（图 4-1）。吸附力主要是范德瓦耳斯力，有时也可能形成氢键或化学键。

2. 吸附分离的主要术语

（1）展开操作　将加入流动相使各组分分层的操作过程，称为展开操作。

（2）分离图　展开后各组分的分布情况，称为分离图。

（3）洗脱操作　加入洗脱剂，使各组分分别从色谱柱中流出的操作过程，称为洗脱操作。在实际的吸附分离操作中，有时展开与洗脱合并为一个操作过程。

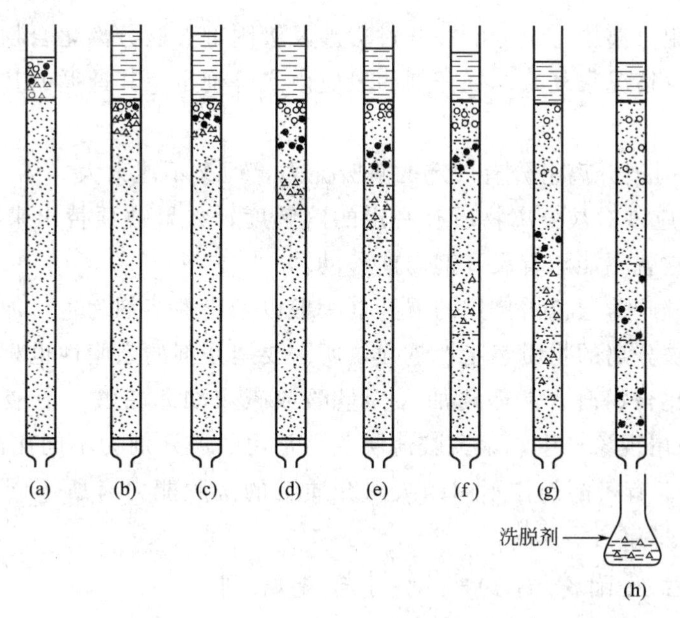

图 4-1　吸附色谱分离过程示意图

(a) 混合物加入色谱柱的顶端；(b) ～ (g) 各组分发生吸附、解吸、再吸附、再解吸……实现差速迁移；(h) 组分流出

(4) 洗脱液　从柱中流出的含有某一组分的溶液，称为洗脱液。

3. 吸附分离技术分类

(1) 根据所用吸附剂和吸附力的不同　可分为无机基质吸附分离（多种作用力）、疏水作用吸附分离（疏水作用）、共价作用吸附分离（共价键）、金属螯合作用吸附分离（整合作用）、聚酰胺吸附分离（氢键作用）等。

(2) 根据操作方法的不同　可分为吸附薄层分离技术和柱吸附分离技术等。

(3) 按其作用力的本质来划分　可分为物理吸附、化学吸附和交换吸附三大类型。物理吸附与化学吸附可以并行发生，两者不是截然无关的，它们在一定条件下可以互相转化，如低温时是物理吸附，在升温到一定程度后则可以转化为化学吸附。

二、吸附剂、展开剂和洗脱剂

（一）薄层吸附分离的吸附剂与展开剂

1. 吸附剂

吸附分离使用的吸附剂都是经过特殊处理的专用试剂，要求一定的形状与粒度范围，还必须具有一定的吸附活度。不同吸附剂用于分离不同类型的化合物。

薄层吸附色谱中常用的吸附剂为：氧化铝、硅胶和聚酰胺。

2．展开剂

在薄层吸附分离中，组分的展开过程涉及吸附剂、被分离化合物和溶剂三者之间的相互竞争，情况很复杂。展开剂一般应由实验确定，其遵循的基本原则主要有以下两个方面。

① 展开剂对被分离组分有一定的解吸能力，但又不能太大。

② 展开剂应该对被分离物质有一定的溶解度，如果被顶替出来的物质不能溶于展开剂中，它就不能随着展开剂向前移动。

氧化铝和硅胶薄层色谱使用的展开剂一般以亲脂性溶剂为主，加一定比例的极性有机溶剂。被分离的物质亲脂性越强，所需要展开剂的亲脂性也相应增强。在分离酸性或碱性化合物时，常需要加入少量酸或碱（如冰醋酸、甲酸、二乙胺、吡啶)，以防止拖尾现象产生。聚酰胺薄层色谱常用的展开剂为不同比例的乙醇-水及三氯甲烷-甲醇。有机溶剂在不同的吸附介质上的洗脱能力有所不同（见教材后附表1和附表2)。

（二） 柱吸附分离的吸附剂与洗脱剂

1．吸附剂

一般地说，柱吸附分离的吸附剂应有最大的比表面积和足够的吸附能力，它对欲分离的不同物质应该有不同的解吸能力；与洗脱剂、溶剂及样品组分不会发生化学反应，还要求所选的吸附剂颗粒均匀，在操作过程中不会破裂。其中极性吸附剂容易吸附极性物质，非极性吸附剂容易吸附非极性物质，同族化合物的吸附程度有一定变化方向，如同系物极性递减，因而被非极性表面吸附能力将递增。

柱吸附分离常用的吸附剂有氧化铝、硅胶、聚酰胺和活性炭等。

2．洗脱剂

原则上要求所选的洗脱剂纯度合格，与样品和吸附剂不起化学反应，对样品的溶解度大，黏度小，容易流动，容易与洗脱的组分分开。常用的洗脱剂有饱和的碳氢化合物、醇、酚、酮、醚、卤代烷、有机酸等。选择洗脱剂时，可根据样品的溶解度、吸附剂的种类、溶剂极性等方面来考虑。因为洗脱剂的极性大，其洗脱能力也大，所以一般可先用极性小的作洗脱剂，使组分容易被吸附，然后换用极性大的溶剂作洗脱剂，使组分容易从吸附柱中洗出。

(1) 氧化铝和硅胶柱色谱　常选用非极性溶剂加入少量极性有机溶剂作为梯度洗脱剂。柱分离开始时，只用非极性溶剂，然后慢慢增加极性溶剂的比例，这种洗脱方法叫做梯度洗脱。如果选择的薄层展开剂是三氯甲烷-甲醇时，做柱色谱时先用三氯甲烷洗脱，然后在适当的时候更换为三氯甲烷-甲醇混合剂，并逐步增大甲醇的比例，直到洗脱完成。

(2) 聚酰胺柱色谱　聚酰胺在水中吸附能力最强，在碱液中吸附能力最弱。聚酰胺柱色谱常用的洗脱剂为稀醇，一般柱色谱开始用水，然后依次用10％、30％、

50%、70%、95%的乙醇作为洗脱剂，也可用不同浓度的稀甲醇或丙酮为洗脱剂。分离极性较小的成分开始可用三氯甲烷，然后用不同比例的三氯甲烷-甲醇作为洗脱剂。如果有些成分难被洗脱，可用3.5%氨水洗脱。

（3）活性炭柱　活性炭柱的洗脱剂先后顺序为10%、20%、30%、50%、70%的乙醇溶液，也有用稀丙酮、稀乙酸或稀苯酚作洗脱剂的。某些被吸附的物质不能被洗脱，可先用适当的有机溶剂或3.5%氨水洗脱。

三、影响吸附分离的因素

1. 柱吸附分离中的影响因素

氧化铝和硅胶都为亲水性吸附剂，由于对极性稍大的成分吸附力大，所以极性大的成分难以解吸附，极性小的成分容易被解吸附。同类成分的极性大小主要取决于以下因素。

① 和功能基极性有关。以极性增加的顺序排列各功能基：烷烃、不饱和烃、醚、酯、酮、醛、醇、酚和羧酸。同一类化合物极性基团越多，极性越大。

② 小分子的化合物比大分子的化合物极性大。

③ 和某些细微结构有关，如氢键、异构体等。

2. 薄层吸附分离的影响因素

同一化合物由于薄层、溶剂、展开时温度不同，比移值（R_f）则不同。即使条件都相同有时也会因操作误差等原因造成 R_f 的不同。

四、柱吸附分离操作

（一）色谱柱的选择与处理

1. 色谱柱的基本要求

① 柱吸附分离选用的色谱柱通常是玻璃柱，这样可以直接观察色带的移动情况。工业上也有金属制成的。

② 色谱柱应该平直、直径均匀。

③ 柱的入口端应该有进料分布器，使进入柱内的流动相分布均匀。

④ 柱的底部可以用玻璃棉，也可用砂芯玻璃板或玻璃细孔板支持固定相，最简单的也可以用铺有滤布的橡皮塞。

⑤ 柱的出口管子（死体积）应该尽量短些，这样可以避免已分离的组分重新混合。

2. 色谱柱的选择要求

在一般情况下，柱的内径和长度比为1∶（10～30），柱直径大多为2～

15cm。柱径的增加可使样品负载量呈平方地增加，但柱径大时，流动很难均匀，色带不容易规则，因而分离效果差；柱径太小时，进样量小，且使用不便，装柱困难，但适用于选择固定相和溶剂的小实验。实验室中所用的柱，直径最小为几毫米。

色谱柱的长度与许多因素有关，包括分离的方法、吸附剂的种类、柱容量和吸附剂粒度、填装的方法和填装的均匀度等。此外，还须考虑下列几点。

① 柱的最小长度取决于所要达到的分离程度，目的产物的分离程度分辨率低，需要较长的色谱柱。

② 较大的柱直径需要较长的色谱柱。

③ 柱越长，长度和内径比越大，就越难得到均匀的填装。就目前采用的匀浆填装技术，填装长度一般不超过 50cm，而大多数色谱柱的长度在 25cm 左右。直径大时，柱可长一些。

（二）装柱

1. 干法装柱

打开底部装有玻璃棉等支持物的色谱柱下口，然后将吸附剂经漏斗缓缓加入柱中，同时轻轻敲动色谱柱，使吸附剂松紧一致。最后，将色谱柱用最初洗脱剂小心沿壁加入，至刚好覆盖吸附剂顶部平面，并使柱内无气泡，关紧下口活塞。

2. 湿法装柱

吸附剂中加入适量最初用的洗脱剂，调成稀糊状，打开底部装有玻璃棉等支持物的色谱柱下口，然后徐徐将制好的糊浆灌入柱子。注意，整个操作要慢，不要将气泡压入吸附剂中，而且要始终保持吸附剂上有溶剂，切勿流干，最后让吸附剂自然下沉。当洗脱剂刚好覆盖吸附剂平面时，关紧下口活塞。

（三）上样

1. 湿法上样

把被分离的物质溶在少量色谱最初用的洗脱剂中，小心加在吸附剂上层，注意保持吸附剂上表面仍为一水平面，打开下口活塞，待溶液面正好与吸附剂上表面一致时，在上面撒层细砂，关紧柱活塞。

2. 干法上样

多数情况下，被分离物质难溶于最初使用的洗脱剂，这时可选用一种对其溶解度大而且沸点低的溶剂，取尽可能少的溶剂将其溶解。在溶液中加入少量吸附剂，拌匀，挥干溶剂，研磨使之成松散、均匀的粉末，轻轻撒在色谱柱吸附剂上面，再撒一层细砂。

（四）洗脱

1. 洗脱操作

洗脱是指在装好吸附剂的色谱柱中缓缓加入洗脱剂，进行梯度洗脱，各组分先后被洗出。其基本要求如下。

① 若用50g吸附剂，一般每份洗脱液量常为50mL。但若所用洗脱剂极性较大或各成分的结构很近似时，每份的收集量要小。

② 为了及时了解洗脱液中各洗脱部分的情况，以便调节收集体积的多少或改变洗脱剂的极性，现多采用薄层色谱或纸色谱定性检查各流分中的化学成分组成，根据分析结果，可将相同成分合并或更换洗脱剂。

③ 洗脱液合并后，回收溶剂，得到某一单一组分。含单一色点的部分用合适的溶剂析晶；仍为混合物的部分进一步寻找分离方法，再进行分离。

2. 洗脱注意事项

① 整个操作过程必须注意不使吸附柱表面的溶液流干，即吸附柱上端要保持一层溶剂。一旦柱面溶液流干，再加溶剂也不能得到好的效果，因为干后再加溶剂，常使柱中产生气泡或裂缝，会影响分离，对此必须十分重视。

② 应控制洗脱液的流速，流速不应太快。若流速过快，柱中交换来不及达到平衡，因而影响分离效果。

③ 由于吸附剂的表面活性比较大，有时会促使某些成分破坏，所以应尽量在短时间内完成一个柱色谱的分离，以避免样品在柱上停留时间过长，发生变化。

3. 洗脱操作的方法

（1）前沿分析法　又称“迎头法”。该方法所分离的混合液不是作为少量样品进入色谱柱，而是其本身作为流动相，连续不断地输入到色谱柱中。当混合液通过固定相时，因各组分与固定相的作用力不同，而产生不同的移动速率。前沿分析法不能将混合液中的各个组分都分离开，只能得到部分作用力最弱的纯物质，其他各组分则不能分离。

（2）洗脱展开法　又称“洗脱分析法”。该方法所分离的混合液需尽量浓缩，使体积缩小，以少量样品引入色谱柱，然后加入流动相。在流动相移动的过程中，各组分发生差速迁移，达到展开洗脱的目的。

洗脱展开法色谱图，又称“流出液组成图”，图中每一个峰对应一种组分，其中与固定相作用力最弱的组分，其峰最先出现，峰面积与组分含量呈正比。此法可将混合物中的各组分较完全地分离，在色谱分离中应用最普遍。

（3）置换展开法　又称“顶替法”或“取代法”。此法与洗脱展开法的主要区别是所选择的流动相不同。顶替法是利用一种吸附力比各组分都强的溶剂作为洗脱剂，替代结合在固定相上的各组分，由于各组分与固定相的结合力不同，随移动相向下移动的速率也就不同，从而实现各组分的分离。

【实训任务】

细胞色素c的吸附分离

一、 所属项目与任务编号

1. 所属项目：细胞色素c的制备
2. 任务编号：0302

二、 实训目的

1. 理解吸附分离的原理。
2. 熟悉吸附分离的基本操作。
3. 能熟练使用吸附分离技术分离可溶性组分。

三、 实训原理

人造沸石能吸附细胞色素c提取液中的细胞色素c，25%的硫酸铵溶液能将吸附的细胞色素c洗脱下来，因此用吸附分离方法能从细胞色素c提取液中分离出细胞色素c。

四、 材料与试剂

1. 材料：实训任务0301制得的细胞色素c提取液；人造沸石。
2. 试剂：氨水、去离子水、氯化钠、硫酸铵、氢氧化钠。

五、 器具器皿

恒流泵、电子天平、色谱柱、烧杯、量筒、玻璃漏斗、滤纸、玻璃棒。

六、 操作步骤

1. 人造沸石的预处理：称取人造沸石5g，放入500mL烧杯中，加水搅拌，用倾泻法除去12s内不下沉的过细颗粒。

2. 装柱：向柱内加去离子水至1/2体积，然后边搅拌边连续、均匀地将预处理好的人造沸石水溶液装填入柱，避免柱内出现气泡。装柱完毕，打开柱下端夹子，使柱内沸石面上剩下一薄层水。

3. 中和：用 1mol/L 氨水调细胞色素 c 提取液（实训任务 0301 制得）至 pH7.2，静置 30～40min 后过滤，弃沉淀，留滤液。

4. 吸附：将中和好的澄清滤液小心加到沸石上面，勿冲动沸石，使之流入柱内进行吸附，控制流出液的速度不超过 10mL/min。随着细胞色素 c 被吸附，人造沸石由白色变为红色，流出液应为淡黄色或微红色。

5. 洗涤：依次用 30mL 自来水、去离子水、0.2%氯化钠溶液、去离子水洗柱，洗至水清。

6. 洗脱：用 25%硫酸铵溶液洗脱，流速 2mL/min，收集含有细胞色素 c 的红色洗脱液。当洗脱液红色开始消失时，即洗脱完毕，停止收集。收集液冰箱冷藏保存，待用。

7. 人造沸石再生：从色谱柱中取出沸石，用自来水洗去硫酸铵，再用 0.2mol/L 氢氧化钠和 1mol/L 氯化钠混合液洗涤至沸石呈白色，最后用水反复洗至 pH 呈 7～8，即可重新使用。

【拓展知识】

薄层吸附分离操作

薄层吸附分离法是一种微量、快速、简便、分离效果理想的方法，一般用于摸索柱色谱的分离条件，即寻找柱色谱分离某种混合物时所用的填充剂及洗脱剂；此外，可用于鉴定某化合物的纯度；还可直接用于混合物的分离。薄层吸附分离法的基本操作有以下几个步骤。

1. 薄层色谱板的制备

（1）干法铺板（软板制备）　多用于氧化铝薄层板的制备。在一块边缘整齐的玻璃板上，铺上适量的氧化铝，取一合适物品顶住玻璃板右端，两手紧握铺板玻璃棒的边缘，按箭头方向轻轻拉过，一块边缘整齐、薄厚均匀的氧化铝薄层即成（图 4-2）。

（2）湿法铺板（硬板制备）　可用于硅胶、聚酰胺、氧化铝等薄层板的制备，但最常用的是硅胶硬板。为使铺成的硅胶板坚固，要加入黏合剂。用硫酸钙作黏合剂铺成的板称为硅胶 G 板，用羧甲基纤维素钠作黏合剂铺成的板称为硅胶 CMC 板，聚酰胺薄膜多为外购商品。

① 硅胶 G 板。加硅胶重量 5%、10%或 15%的硫酸钙，与硅胶混匀，得到硅胶 G_5、硅胶 G_{10}或硅胶 G_{15}。用硅胶 G 和蒸馏水 1∶（3～4）的比例调成糊状，倒一定量的糊浆于玻璃板上，铺匀，在空气中晾干，于 105℃活化 1～2h，薄层厚度

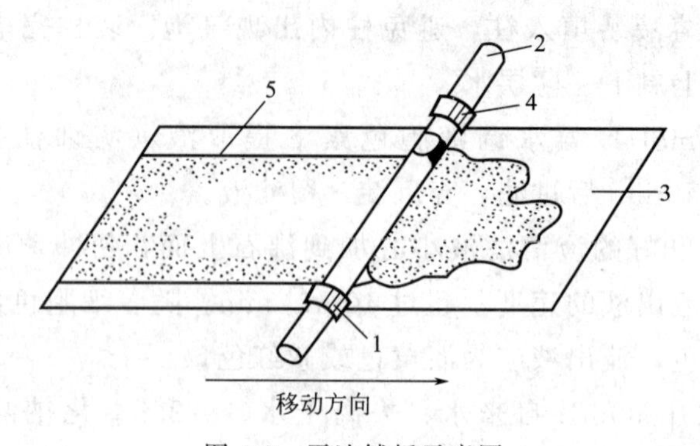

图 4-2　干法铺板示意图

1—薄层厚度调节环；2—玻璃棒；3—玻璃板；4—防滑环；5—吸附剂

为 2.5mm 左右。

② 硅胶 CMC 板。取硅胶加适量羧甲基纤维素钠（CMC）水溶液（1∶3 左右，g/mL），将硅胶调成糊状，倒合适的量在玻璃板或载玻片上，控制铺板厚度在 2.5mm 左右，转动或借助玻璃棒使其分布于整个玻璃表面，振动使之为均一平面，放于水平处在空气中晾干，于 105℃活化 1h。一般硅胶层越薄，分离效果越好。

CMC 溶液的配制：称取一定量的羧甲基纤维素钠，加水使其溶解，通常加热以促进羧甲基纤维素钠的完全溶解，配成 5‰～9‰的溶液。一般羧甲基纤维素钠的含量越高，所制成的薄层硬度越大。

2. 点样

将混合液（或溶于适当溶剂的待分离混合物）用玻璃毛细管或点样器在薄层上点样。具体要求如下。

① 点样点距纸底边约 2cm，每点间距约 2cm，点的直径一般小于 0.5cm，也可点成 3～5mm 的横长条。

② 点样的量与样品浓度有关，对于浓度较稀的样品，常需多次点样。每次点样，要晾干后方可再点，以保证点的大小符合要求。

③ 薄层色谱的点样量较大时，一般采用以下方法：将样品溶液点在直径 2～3mm 的小圆形滤纸上，点样时将滤纸固定于插在软木塞的小针上，同时在薄层起始线上也制成相同直径的小圆穴（圆穴及滤纸片均可用适当大小的打孔器印出），必要时在圆穴中放入少许淀粉糊。将已点样并除去溶剂后的圆形滤纸片小心放在薄层圆穴中黏住，然后展开。

采用这种方法，样品溶液体积大至 1～2mL 也能方便地点样，并能保证圆点形状的一致。

④ 在干法制成的薄层上点样，经常把点样处的固定相滴成孔穴，因此必须在点样完毕后用小针头拨动孔旁的固定相，将此孔填补起来，否则展开后斑点形状不规则会影响分离效果。当样品量很大时，则可将固定相吸去一条，将样品溶液与固定相搅匀，干燥后再把它仔细地填充在原来的沟槽内，再行展开。

3．展开

（1）基本操作

① 展开操作需要在密闭的容器中进行，根据薄层板的大小，选择不同的色谱缸。

② 配好展开剂，将展开剂（一般 2～10mL）倒入色谱缸，密闭放置一定时间，待色谱缸被展开剂饱和。

③ 迅速将薄层板放入，密闭，展开即开始，这样可防止边缘效应的产生。所谓边缘效应，为溶剂前沿不是一条直线，而是一条向上凸起的曲线。如果有边缘效应产生，即使把同一化合物点在一条笔直的起始线上，结果由于它们的移动速度不同，分离后斑点不在一条直线上，而是下凹，容易被误认为结构不同的几个化合物，且斑点不集中。

④ 注意在薄层板放入色谱缸时，切勿使溶剂浸没样品点。当溶剂移动到接近薄层板上端边缘时，取出薄层板，划出溶剂前沿。

（2）展开方式 展开可以按不同方式进行，主要有如下方式。

① 上行展开法和下行展开法

A. 上行展开。最常用的展开法是上行展开，就是使展开剂从下往上爬行展开：将滴加样品后的薄层板置入盛有适当展开剂的色谱缸，使展开剂浸入薄层高度约为 0.5mm。

B. 下行展开。下行展开是将展开剂放在上位槽中，借助滤纸的毛细管作用转移到薄层板上，展开剂由上向下流动。由于受重力作用，下行展开移动较快，所以展开时间比上行法短些。

② 单次展开法和多次展开法。展开剂对薄层展开一次，称为单次展开。若展开分离效果不好时，可把薄层板自色谱缸中取出，吹去展开剂，重新放入有另一种展开剂的缸中进行第二次展开。

③ 单向展开法和双向展开法。以上谈到的都是单向展开，也可取方形薄层板进行双向展开，即进行单向展开后，将薄层板旋转 90°，再放入层析缸中展开，展开剂可以相同，也可以不同。双向展开可以使被分离物质之间距离拉得更远一些，取得更好的分离效果。

4．显色

显色也称“定位”，即用某种方法使经色谱展开后的混合物各组分斑点呈现颜色，以便观察其位置，判断分离条件的好坏及各组分的性质。薄层色谱的显色常用以下几种方法。

（1）紫外线照射法 常用的紫外线波长有两种：254nm 和 365nm。有些化学成分在紫外灯下会产生荧光或暗色斑点，可直接找出色点位置。对于在紫外灯下自身不产生颜色但有双键的化合物，可用掺有荧光素的硅胶（GF_{254} 或 HF_{254}）铺板。

展开后在紫外灯下观察，板面为亮绿色，化合物为有色斑点。

（2）喷雾显色法　每类化合物都有特定的显色剂，展开完毕，进行喷雾显色，多数在日光下可找到色点。注意氧化铝软板在展开后，取出立即划出前沿，趁湿喷雾显色；如果干后显色，吸附剂会被吹散。

（3）碘蒸气显色法　将薄层板放在充满碘蒸气的容器中，过一段时间，多数天然药物产生棕色斑点，而且此薄层板再放置一段时间，碘会挥发，样品可以回收。

（4）生物显迹法　抗生素等生物活性物质可以用生物显迹法进行。取一张滤纸，用适当的缓冲溶液浸湿，覆盖在板层上，上面用另一块玻璃压住。10～15min后取出滤纸，然后立即覆盖在接有试验菌种的琼脂平板上，在适当温度下，经一定时间培养后，可显出抑菌性。

【复习思考】

1. 简述吸附分离技术的基本原理。
2. 简述吸附分离技术的主要类别。
3. 分别叙述吸附剂、展开剂和洗脱剂的要求、类别和作用。
4. 简述柱吸附分离的基本操作步骤。

单元二

溶剂萃取

【学习目标】

1. 掌握溶剂萃取技术和分配定律。
2. 掌握常用萃取剂及其选择依据。
3. 熟悉溶剂萃取的工艺流程和影响因素。
4. 了解溶剂萃取的常用设备。

【基础知识】

一、 溶剂萃取技术

在液体混合物（原料液）中加入一个与其基本不相混溶的液体作为溶剂，形成第二相，利用原料液中各组分在两个液相中溶解度的不同，而使原料液混合物得以分离的方法，称为溶剂萃取，通常简称为“萃取”或“抽提”。

二、 分配定律

萃取是一种扩散分离操作，不同溶质在两相中分配平衡的差异是实现萃取分离的主要因素。因此，分配定律是理解并设计萃取操作的基础。

分配定律即溶质的分配平衡规律，即在恒温、恒压条件下，溶质在互不相溶的两相中达到分配平衡时，如果其在两相中的分子量相等，则其在两相中的平衡浓度之比为常数，即 $K=C_2/C_1$ 为常数，K 称为分配系数。而在同一萃取体系内，两种溶质在同样条件下分配系数的比值称为“分离因素”，常用 A 表示，即 $A=K_1/K_2$。

根据溶质的分配常数，可以判定萃取剂对溶质的萃取能力，可用来指导选择合适的萃取溶剂体系。分离因素体现了不同溶质分配平衡的差异，是实现萃取分离的基础，决定了两种溶质能否分离。

三、 萃取剂的选择

1. 选择依据

溶剂萃取中，萃取剂通常是有机溶剂，根据目标产物以及与其共存杂质的性质选择合适的有机溶剂，可使目标产物有较大的分配系数和较高的选择性。根据“相似相溶”的原理，选择与目标产物极性相近的有机溶剂为萃取剂，可以得到较大分配系数。此外，有机溶剂还应满足以下要求。

① 价廉易得。

② 与水相不互溶。

③ 与水相有较大的密度差，并且黏度小、表面张力适中，相分散和相分离较容易。

④ 容易回收和再利用。

⑤ 毒性低、腐蚀性小、闪点低，使用安全。

⑥ 不与目标产物发生反应。

2. 常用萃取剂

常用的萃取剂大致有以下四类。

① 中性配合萃取剂。如醇、酮、醚、酯、醛及烃类。

② 酸性萃取剂。如羧酸、磺酸、酸性磷酸酯等。

③ 螯合萃取剂。如羟肟类化合物。

④ 叔胺和季铵盐。

四、 影响萃取的主要因素

影响溶剂萃取的因素除了萃取剂外，还有 pH、温度、无机盐等。

1. pH

萃取时，水相 pH 对弱电解质分配系数具有显著影响，弱酸性电解质的分配系数随 pH 降低（即氢离子浓度增大）而增大，而弱碱性电解质则正相反。选择适当的 pH，不仅有利于提高产物的收率，还可根据共存杂质的性质和分配系数，提高萃取选择性。

2. 温度

温度也是影响溶质分配系数和萃取速度的重要因素。选择适当的操作温度，有利于目标产物的回收和纯化。但由于生物产物在较高温度下不稳定，故萃取操作一般在常温或较低温度下进行。

3．无机盐

无机盐的存在可降低溶质在水相中的溶解度，有利于溶质向有机相中分配，如萃取维生素 B_{12}时加入硫酸铵，萃取青霉素时加入氯化钠等。但盐的添加量要适当，以利于目标产物的选择性萃取。

五、 溶剂萃取流程

1．溶剂萃取基本流程

(1) 混合—萃取剂和含有组分（或多组分）的原料液混合接触，进行萃取，溶质从原料液转移到萃取剂中。

(2) 分离—分离互不相溶的两相。

(3) 回收—萃取剂从萃取相及萃余液（残液）除去，并加以回收。其中萃取后含有溶质的萃取剂相称为萃取液，萃取剂相接触后离开的原料液相称为萃余液(残液)。

2．溶剂萃取流程分类

根据原料液与萃取剂的接触方式，萃取操作流程可分为单级和多级萃取流程，后者又分为多级错流萃取流程和多级逆流萃取流程，以及两者结合进行操作的流程。

(1) 单级萃取流程　只用一个混合器和一个分离器的萃取称为单级萃取。将原料液与萃取剂一起加入萃取器内，并用搅拌器加以搅拌，使两种液体充分混合，产物由一相转入另一相。经过萃取后的溶液，流入分离器分离后得到萃取相和萃余相，最后将萃取相送入回收器，将溶剂与产物进一步分离，回收得到的溶剂仍可作萃取剂循环使用（图 4-3）。

这种流程比较简单，但由于只萃取一次，所以一般萃取效率不高，产物在水相中含量仍然很高。如增加萃取剂的用量会使产品的浓度降低，也会增加萃取剂回收处理的工作量。

(2) 多级错流萃取流程　多级错流萃取流程是由几个萃取器串联所组成，原料液经第一级萃取（每级萃取由萃取器与分离器所组成）后分离成两个相：萃余相依次流入下一个萃取器，再加入新鲜萃取剂继续萃取；萃取相则分别由各级排出，将它们混合在一起，再进入回收器回收溶剂，回收得到的溶剂仍可作萃取剂循环使用(图 4-4)。

多级错流萃取由于溶剂分别加入各级萃取器，故萃取推动力较大，萃取效果较好；缺点是仍需加入大量的溶剂，需消耗较多的能量回收溶剂。

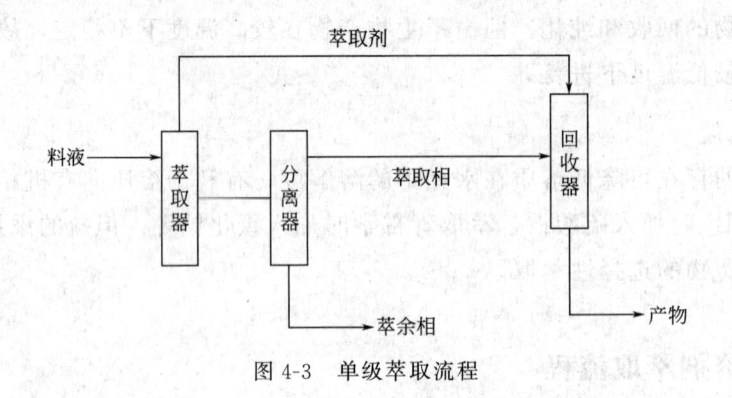

图 4-3　单级萃取流程

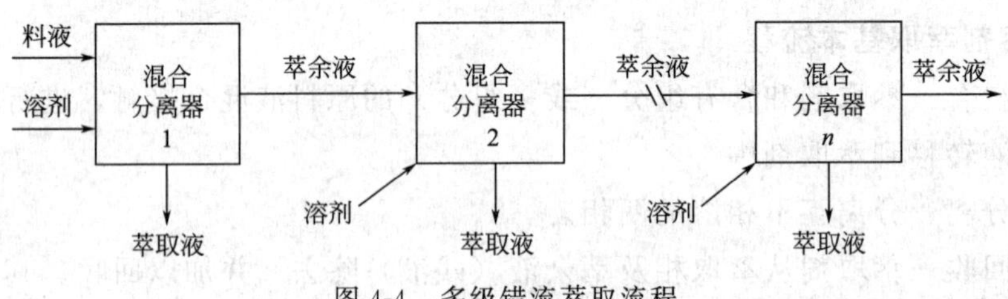

图 4-4　多级错流萃取流程

（3）多级逆流萃取流程　此流程中，原料液从前端进入，连续通过各级萃取器，最后从末端排出；萃取剂则从末端进入，通过各萃取器最后从前端排出。在整个过程中，萃取剂与原料液互成逆流接触，故称为多级逆流萃取流程（图 4-5）。

与上两种萃取相比，逆流萃取收率最高，溶剂用量最少。这在工业生产中很经济，因而被普遍采用。

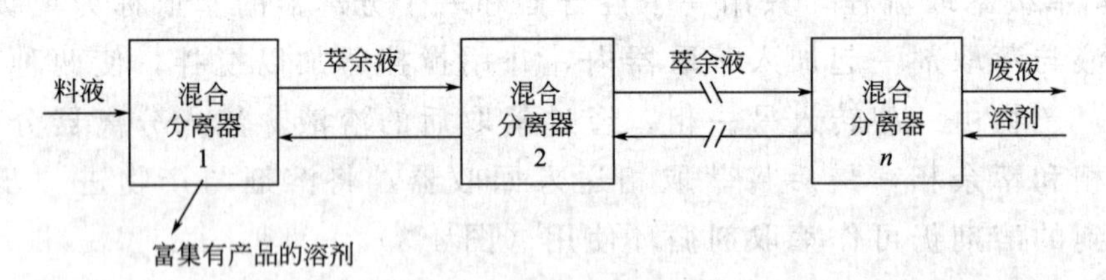

图 4-5　多级逆流萃取流程

六、萃取设备

根据萃取流程，萃取操作的设备包括混合设备、分离设备与回收设备三类。

1. 混合设备

（1）搅拌罐　经典的混合设备，利用搅拌作用将原料液和萃取剂混合，结构简单、操作方便，不足是间歇操作、停留时间长、传质效率较低。

（2）管式混合器　使两相液体以一定流速在管道中形成湍流状态，达到混合的目的，效率高于搅拌罐，能够连续加工。

（3）喷嘴式混合器　工作流体在一定压力下经过喷嘴以高速射出，当流体流至喷嘴时速度增大，压力降低而产生真空区，将第二种液体吸入达到混合的目的。体积小、结构简单与使用方便是其优点，但也存在产生的压力差小、功率低及会使液体稀释等缺点，应用受一定限制。

（4）气流搅拌混合罐　将空气通入液体介质，借鼓泡作用发生搅拌。方法简单，适用于化学腐蚀性强的液体，不适用于挥发性强的液体。

2．分离设备

溶剂萃取中，两相液体因其比重不同，在离心力作用下能实现较好分离，目前使用的离心设备有以下几种。

（1）碟片式离心机　转速在4000～6000r/min范围内。

（2）筒式离心机　转速在10000r/min以上。

（3）倾析式离心机　主要用于固体含量较多的发酵液。

3．回收设备

萃取中的回收设备实际上是化工单元操作中的蒸馏设备。

4．兼有混合与分离功能的设备

该种设备主要有转筒式离心萃取器、卢威式离心萃取器和薄膜萃取器。另外，化工行业的萃取设备，如混合澄清器、萃取塔类（喷洒塔、填料塔、筛板塔等）在生物技术行业中也有一定的应用。

萃取设备类型很多，特点各异，必须根据具体分离对象、分离要求和客观条件来选用。选择的总体原则是：在满足工艺条件和要求的前提下，使生产成本趋于最低。具体应考虑以下一些因素：所需的理论级数、生产能力、物系的物理性质、物系的稳定性和液体在设备内的停留时间及能源供应状况等。

【实训任务】

青霉素的萃取和萃取率的测定

一、所属项目与任务编号

1．所属项目：青霉素的提取与精制。

2．任务编号：0103。

二、实训目的

1．理解溶剂萃取的原理。

2. 能用溶剂萃取技术提纯青霉素。

3. 能用碘量法测定青霉素的含量，并计算出青霉素的萃取率。

三、 实训原理

萃取是利用混合物质中各种组分在两个不相混溶的液相中溶解度的不同，达到分离目的的操作。pH 在 2.3 时，青霉素在乙酸丁酯中的溶解度比在水中大，因而可以将乙酸丁酯加到青霉素混合液中，并使其充分接触，从而使青霉素被萃取浓集到乙酸丁酯中，达到分离提纯的目的。

青霉素类抗生素经碱水解的产物青霉噻唑酸，可与碘反应（青霉素：碘＝1：8），根据消耗的碘量可计算青霉素的含量，剩余的碘用 $Na_2S_2O_3$ 滴定（$Na_2S_2O_3$：I_2＝2：1）。此法称为碘量法。为了消除测试品中可能存在的降解产物和其他能消耗碘的杂质的干扰，须做空白对照实验。青霉素不经碱水解作为对照品。

四、 材料与试剂

1. 材料：实训任务 0102 制得的青霉素滤液。

2. 试剂：$Na_2S_2O_3$、Na_2CO_3、KI、$K_2Cr_2O_7$、固体碘、盐酸、乙酸钠、冰醋酸、氢氧化钠、淀粉指示剂、乙酸丁酯、稀硫酸、蒸馏水。

五、 仪器与器具

分液漏斗、烧杯、电子天平、酸式滴定管、移液管、容量瓶、量筒、玻璃棒、pH 试纸等。

六、 操作步骤

1. 配制溶液

① $Na_2S_2O_3$（0.1mol/L）。取 $Na_2S_2O_3$ 约 2.6g 与无水 Na_2CO_3 0.02g，加新煮沸过的冷蒸馏水适量溶解，定容到 100mL。

② 碘溶液（0.1mol/L）。取碘 1.3g，加 KI 3.6g 与水 5mL 使之溶解，再加 HCl 1～2 滴，定容到 100mL。

③ HAc-NaAc（pH4.5）缓冲液。取 83g 无水 NaAc 溶于水，加入 60mL 冰醋酸，定容到 1L。

④ NaOH 液（1mol/L）和 HCl 液（1mol/L）。

2. $Na_2S_2O_3$ 的标定

准确称取 $K_2Cr_2O_3$ 0.15g于碘量瓶中，加入50mL水，使之溶解，再加KI 2g，溶解后加入稀 H_2SO_4 40mL，摇匀，密闭，在暗处放置10min。取出后再加水250mL稀释，用 $Na_2S_2O_3$ 滴定临近终点时，加淀粉指示剂3mL，继续滴定至蓝色消失，记录 $Na_2S_2O_3$ 消耗的体积。

3. 青霉素的萃取

① 取150mL乙酸丁酯液，用稀 H_2SO_4 调节pH在2.3～2.4。

② 准确移取100mL青霉素滤液与乙酸丁酯液混合，置于分液漏斗中，摇匀，静置30min。

③ 溶液分层后，将下方萃余相置于烧杯中，取样测定萃取率，然后置于冰箱中冷藏，留待结晶（实训任务0103）用。上方萃取液回收。

4. 萃取率的计算

① 取5mL定容好的青霉素钠溶液于碘量瓶中，加NaOH溶液1mL，放置20min。再加1mL HCl溶液与5mL HAc-NaAc缓冲液，精密加入碘滴定液5mL，摇匀，密闭，在20～25℃暗处放置20min。用 $Na_2S_2O_3$ 滴定液滴定，临近终点时加淀粉指示剂3mL，继续滴定至蓝色消失，记录 $Na_2S_2O_3$ 消耗的体积（$V_{对照}$）。

② 另取5mL定容好的青霉素钠溶液于碘量瓶中，加入5mL HAc-NaAc缓冲液，再精密加入碘滴定液5mL，用 $Na_2S_2O_3$ 滴定液滴定至蓝色消失，记录 $Na_2S_2O_3$ 消耗的体积（$V_{空白}$）。

③ 取萃余相5mL于碘量瓶中，按步骤①的方法进行测定，记录 $Na_2S_2O_3$ 消耗的体积（$V_{样品}$）。

七、 结果与讨论

1. 数据处理

① 根据 $Na_2S_2O_3 : I_2 = 2 : 1$，分别计算操作步骤3（萃取率的计算）中各步滴定的碘的量 $I_{①}$、$I_{②}$、$I_{③}$。

② 萃取前与青霉素反应的碘：总 $I_2 = I_{②} - I_{①}$。

萃取后与青霉素反应的碘：余 $I_2 = I_{②} - I_{③}$。

③ 根据青霉素 $: I_2 = 1 : 8$ 计算：萃取前青霉素含量和萃取后青霉素含量。

④ 计算：$萃取率 = \frac{萃取前青霉素含量 - 萃取后青霉素含量}{萃取前青霉素含量} \times 100\%$。

2. 讨论

pH的调节在提高青霉素萃取效率方面的重要性。

八、 注意事项

如果萃取率测定后滤液中青霉素含量较低，可用青霉素钠溶液替代，以完成后续实训。青霉素钠溶液的配制：用电子天平称取 0.12g 青霉素钠，溶解后定容到 100mL。

【拓展知识】

其他萃取技术

1. 双水相萃取技术

不同高分子化合物的溶液相互混合可形成两相或多相系统，如葡聚糖与聚乙二醇（PEG）按一定比例与水混合后，溶液先呈混浊状态，静置平衡后，逐渐分成互不相溶的两相，上相富含 PEG，下相富含葡聚糖，这样的两相系统称为双水相系统。利用物质在这样互不相溶的两水相间分配系数的差异来进行萃取的方法，称为双水相萃取法。1956 年 Albertson 第一次用双水相萃取技术提取生物物质。1979 年 Kula 等发展了双水相萃取技术在生物分离中的应用，为蛋白质特别是胞内蛋白质的分离与纯化开辟了新的途径。

2. 超临界流体萃取

超临界流体萃取技术是自 20 世纪 70 年代以来在国际上兴起的一种化工分离技术，主要是利用二氧化碳等流体在超临界状态下特殊的物理化学性质，对物质中的某些组分进行提取和分离。因其与传统的萃取技术相比，具有萃取产物不含或极少含有机溶剂，同时萃取温度低，能较好地保留产品的生物活性等成分，符合当今“回归自然”的品味追求等优点，被认为是一种绿色、可持续发展技术，在石油、医药、食品、化妆品、香精香料、生物、环保、化工等领域均得到不同程度的应用。

3. 固体浸取技术

浸取（固液萃取）是指用溶剂将固体物中的某些可溶组分提取出来，使之与固体的不溶部分分离的过程。被萃取物可能以固体形式存在，也可能以液体形式（如挥发物或植物油）存在。固液萃取在制药工业中应用广泛，尤其是从中药等植物中提取有效成分，或是从生物细胞内提取特定成分。

4. 液膜萃取技术

液膜萃取技术是一种以液膜为分离介质，以浓度差为推动力的分离操作，是属于液-液系统的传质分离过程。液膜分离是将第三种液体展成膜状以便隔开两个液相，利用膜的选择透过性，使料液中的某些组分透过液膜进入接受液，然后将三者分开，从而实现料液组分的分离。液膜分离实质上是三个液相所形成的两个界面上的传质分离过程，是萃取与反萃取的结合。液膜分离技术是萃取（膜）技术的重要分支，该技术具有膜薄、比表面积大、分离效率高、速度快、过程简单、成本低、用途广等优点。

【复习思考】

1. 简述溶剂萃取技术。
2. 如何理解萃取中的分配定律?
3. 萃取剂的选择依据有哪些?常用的萃取剂有哪些?
4. 影响萃取的主要因素有哪些?
5. 简述萃取的基本流程及其分类。

单元三

盐析法沉淀蛋白质

【学习目标】

1. 掌握盐析法的原理、特点及其影响因素。
2. 掌握盐析法的具体操作方法及其注意事项。
3. 能够熟练地进行盐析操作。

【基础知识】

一、 盐析法及其原理

1. 盐析与盐析沉淀法

在高浓度中性盐存在的情况下，蛋白质等生物大分子在水溶液中的溶解度降低并沉淀析出的现象称为盐析。用高浓度中性盐沉淀蛋白质等生物大分子的方法称为盐析沉淀法，简称盐析法。蛋白质、多肽、多糖和核酸等生物大分子都可以用盐析法进行分离，但盐析法应用最广的还是在蛋白质领域。其突出优点是成本低、不需特殊设备、操作简单、安全、应用范围广、对许多生物活性物质具有稳定作用，但盐析法分离的分辨率不高，一般用于生物分离纯化的初步纯化阶段。盐析法既可沉淀杂蛋白，也可沉淀目标蛋白。

2. 盐析法原理

在蛋白质分子表面分布着各种亲水基团（如—COOH、$—NH_2$、—OH 等），这些基团与极性水分子相互作用形成水化膜，包围于蛋白质分子周围，形成 1～100nm 的亲水胶体，削弱了蛋白质分子间的作用力。蛋白质分子表面的亲水基团越多、水膜越厚，蛋白质分子的溶解度也越大。同时，蛋白质分子中含有不同数目的酸性和碱性氨基酸，其肽链的两端含有不同数目的自由羧基和氨基，这些基团使蛋白质分子表面带有一定的电荷。因同种电荷相互排斥，使蛋白质分子彼此分离，所以蛋白质水溶液是一种稳定的亲水胶体溶液。蛋白质在水溶液中的溶解度是由蛋白质周围形成水化膜的程度，以及蛋白质分子表面所带电荷的情况决定的。

向蛋白质溶液中加入中性盐，中性盐对水分子的亲和力大于蛋白质，它会抢夺本来与蛋白质分子结合的自由水，于是蛋白质分子周围的水化膜层减弱乃至消失。同时，高浓度的中性盐溶液中存在大量的带电荷的盐离子，它们能中和蛋白质分子表面的电荷，使蛋白质分子间的静电排斥作用减弱甚至消失，更加导致蛋白溶解度降低，使蛋白质分子之间聚集而沉淀。如图 4-6 所示。

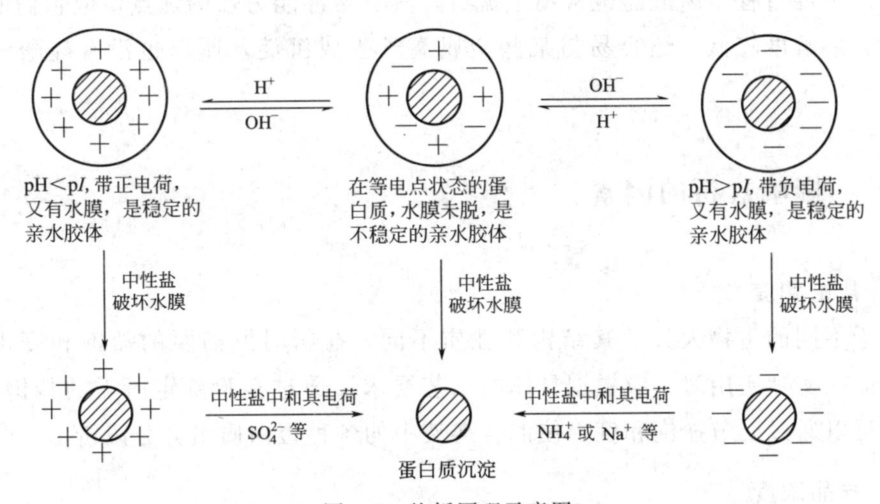

图 4-6　盐析原理示意图

二、　盐析法常用的盐类及其选择

1. 盐析所用无机盐的挑选原则

① 要有较强的盐析效果。一般来说，阴离子影响盐析的效果比阳离子显著，含高价阴离子的盐比含低价阴离子的盐盐析效果好。

② 要有足够大的溶解度，且溶解度受温度的影响尽可能小。这样便于获得高浓度的盐溶液，尤其是在较低的温度下操作时，不至于造成盐结晶析出，影响盐析效果。

③ 不影响蛋白质等生物大分子的活性。并且，最好不引入给分离或测定带来麻烦的杂质。

④ 来源丰富，价格低廉。

2. 盐析常用的无机盐

盐析常用的无机盐主要有硫酸铵、硫酸镁、硫酸钠、磷酸二氢钠等。实际应用中以硫酸铵最为常用，主要是因为硫酸铵有以下优点。

① 离子强度大，盐析能力强。

② 溶解度大且受温度的影响小，尤其是在低温时仍有相当高的溶解度，这是其他盐类所不具备的。

③ 有稳定蛋白质结构的作用，不易使蛋白质变性。

④ 价格低廉，废液不污染环境。

缺点是硫酸铵水解后变酸，在高 pH 下会释放出氨，腐蚀性较强，因此盐析后要将硫酸铵从产品中除去。

硫酸钠无腐蚀性，但低于 40℃就不容易溶解，因此只适用于热稳定性较好的蛋白质的沉淀过程。磷酸盐也常用于盐析，具有缓冲能力强的优点，但它们的价格较昂贵，溶解度较低，还容易与某些金属离子生成沉淀，所以也没有硫酸铵应用广泛。

三、 影响盐析的因素

1．盐饱和度

由于不同的生物大分子其结构和性质不同，盐析时所需要的盐饱和度也不相同。因此在实际应用时，应根据具体的工艺要求，通过实验确定所需的盐饱和度。另外，可以通过调节盐饱和度，使混合溶液中的各种蛋白质组分分段析出。

2．样品浓度

在相同的盐析条件下，样品的浓度越大，越容易沉淀，所需的盐饱和度也越低。但样品的浓度越高，杂质的共沉作用也越强，从而使分辨率降低；相反，样品浓度小时，共沉作用小、分辨率高，但盐析所需的盐饱和度大，用盐量大，样品的回收率低。所以在盐析时，要根据实际条件选择适当的样品浓度。一般较适当的样品浓度是 2.5%～3.0%。

3．pH

一般地说，两性生化物质在等电点 pI 附近溶解度最低，最容易沉淀析出。但是有些生化物质在等电点附近不太稳定，因此，盐析的 pH，应该在保证待沉淀物稳定的前提下，尽可能地接近其等电点。另外，由于不同的生化物质具有不同的等电点，将溶液的 pH 调至目的物的等电点可以减少共沉作用。

4．温度

一般地说，在低盐浓度或纯水中，蛋白质等生化物质的溶解度随温度降低而减小。但对多数生化物质而言，在高盐浓度下，它们的溶解度随温度的降低反而增大。另外，高温容易导致某些生化物质变性，因此，盐析一般在室温下进行。但对于温度敏感型的生化物质，盐析最好在低温（0～4℃）下操作，以免丧失活力。

四、 盐析操作过程及其注意事项

硫酸铵是盐析中最为常用的中性盐，下面以硫酸铵盐析蛋白质为例介绍盐析操作的过程。

1. 盐析曲线的制作

如果要分离一种新的蛋白质或酶，没有文献可以借鉴，则应先确定沉淀该物质所需的硫酸铵饱和度，具体操作方法如下。

取已定量测定蛋白质（或酶）的活性与浓度的待分离样品溶液，冷却至0℃，调至该蛋白质稳定的pH，分6～10次分别加入不同量的硫酸铵。第一次加硫酸铵至蛋白质溶液刚开始出现沉淀时，记下所加硫酸铵的量，这是盐析曲线的起点。继续加硫酸铵至溶液微微混浊时，静置一段时间，离心得到第一个沉淀级分，然后取上清再加至混浊，离心得到第二个级分，如此连续可得到6～10个级分，按照每次加入硫酸铵的量，在教材后附表4中查出相应的硫酸铵饱和度。将每一级分沉淀物分别溶解在一定体积的、适宜的pH缓冲液中，测定其蛋白质含量和酶活力。以每个级分的蛋白质含量和酶活力对硫酸铵饱和度做图，即可得到盐析曲线。

2. 盐析操作方式

盐析时，将盐加入到溶液中有如下两种方式。

(1) 加硫酸铵的饱和溶液　在实验室和小规模生产中溶液体积不大时，或硫酸铵浓度不需太高时，可采用这种方式。这种方式可防止溶液局部过浓，但是溶液会被稀释，不利于下一步的分离纯化。为达到一定的饱和度，所需要加入的饱和硫酸铵溶液的体积可由下式求得。

$$V=V_0\frac{S_2-S_1}{1-S_2}$$

式中：V为需要加入的饱和硫酸铵溶液的体积；V_0为溶液的原始体积；S_1和S_2分别为硫酸铵溶液的初始饱和度和最终饱和度。其中，所加的硫酸铵饱和溶液应达到真正的饱和，配制时加入过量的硫酸铵，加热至50～60℃，保温数分钟，趁热滤去不溶物，在0～25℃下平衡1～2d，有固体析出，即达到100%饱和度。

(2) 直接加固体硫酸铵　在工业生产溶液体积较大时，或需要达到较高的硫酸铵饱和度时，可采用这种方式。加入之前先将硫酸铵研成细粉不能有块，加入时速度不能太快，要在搅拌下缓慢均匀、少量多次地加入，尤其到接近计划饱和度时，加盐的速度要更慢一些，尽量避免局部硫酸铵浓度过高而造成不应有的蛋白质沉淀。为了达到所需的饱和度，应加入固体硫酸铵的量，可由附

表 4 或附表 5 查得。

3．脱盐

利用盐析法进行初级纯化时，产物中的盐含量较高，一般在盐析沉淀后，需要进行脱盐处理，才能进行后续的纯化操作。通常所说的脱盐就是指将小分子的盐与目的物分离开。

最常用的脱盐方法有两种，即透析和凝胶过滤。凝胶过滤脱盐不仅能除去小分子的盐，也能除去其他小分子的物质。用于脱盐的凝胶主要有 Sephadex G-10、Sephadex G-15、Sephadex G-25，和 Bio-Gel P-2、Bio-Gel P-6、Bio-Gel P-10。与透析法相比，凝胶过滤脱盐速度比较快，对不稳定的蛋白质影响较小。但样品的黏度不能太高，不能超过洗脱液的 2～3 倍。凝胶过滤的具体情况和操作过程见本书模块五单元二。

4．操作注意事项

① 加固体硫酸铵时，必须注意附表 4 和附表 5 中规定的温度，一般有 0℃和室温两种，加入固体盐后体积的变化已考虑在表中。

② 分段盐析时，要考虑到每次分段后蛋白质浓度的变化。蛋白质浓度不同，要求盐析的饱和度也不同。

③ 为了获得实验的重复性，盐析的条件如 pH、温度和硫酸铵的纯度都必须严格控制。

④ 盐析后一般要放置半小时至一小时，待沉淀完全后再离心与过滤，过早的分离将影响收率。低浓度硫酸铵溶液盐析可采用离心分离，高浓度硫酸铵溶液则常用过滤方法。因为高浓度硫酸铵密度太大，要使蛋白质完全沉降下来需要较高的离心速度和较长的离心时间。

⑤ 盐析过程中，搅拌必须是有规则和温和的。搅拌太快将引起蛋白质变性，其变性特征是起泡。

⑥ 为了平衡硫酸铵溶解时产生的轻微酸化作用，沉淀反应至少应在50mmol/L缓冲溶液中进行。

【实训任务 1】

盐析法制备血清中的白蛋白

一、 所属项目与任务编号

1. 所属项目：血液蛋白的分离与精制
2. 任务编号：0401

二、 实训目的

1. 理解盐析的原理。
2. 熟练掌握盐析的基本操作。
3. 能用盐析法分离蛋白质。

三、 实训原理

白蛋白是动物血浆蛋白的重要组分之一，通过控制硫酸铵的浓度，能使血浆中的不同蛋白分步析出来，使白蛋白得到初步纯化。

四、 材料与试剂

1. 材料：新鲜动物血液。
2. 试剂：柠檬酸三钠、硫酸铵、乙醇、丙酮、蒸馏水。

五、 器具器皿

电磁搅拌器、高速冷冻离心机、冰箱、烧杯、电子天平、量筒、玻璃棒等。

六、 操作步骤

1. 血液的预处理
① 每升新鲜动物血中加入柠檬酸三钠 10g，搅拌溶解。
② 4℃下 3000r/min 离心 15min，分离得血浆和血细胞。
③ 血浆 4℃冰箱保存，血细胞冰箱冷冻保存待用。
2. 盐析
① 将血液预处理获得的血浆冰浴 20min。
② 在磁力搅拌下向冰浴中的血浆中缓慢加入固体硫酸铵至饱和浓度 50%。
③ 4℃下 6000r/min 离心 15min，弃沉淀，取上清。
④ 在搅拌下继续向冰浴中的上清缓慢加入固体硫酸铵至饱和浓度 80%。
⑤ 4℃下 8000r/min 离心 20min，弃上清，取沉淀。
⑥ 依次用乙醇和丙酮洗涤沉淀，得白蛋白。
3. 称量沉淀，计算得率。

【实训任务 2】

盐析法提纯细胞色素 c

一、 所属项目与任务编号

1. 所属项目：细胞色素 c 的制备
2. 任务编号：0303

二、 实训目的

1. 理解盐析的原理。
2. 熟练掌握盐析的基本操作。
3. 能用盐析法提纯细胞色素 c。

三、 实训原理

吸附分离获得的细胞色素 c 洗脱液中，用硫酸铵沉淀出杂蛋白，再用三氯乙酸沉淀细胞色素 c，经透析除盐获得较纯的细胞色素 c，可用于离子交换色谱制备细胞色素 c 纯品。

四、 材料与试剂

1. 材料：实训任务 0302 制得的细胞色素 c 洗脱液。
2. 试剂：硫酸铵、三氯乙酸、乙酸钡、蒸馏水。

五、 仪器与器具

磁力搅拌器、高速冷冻离心机、电子天平、真空泵、布氏漏斗、滤瓶、烧杯、滴管、量筒、玻璃棒、透析袋等。

六、 操作步骤

1. 硫酸铵沉淀杂蛋白

① 冰浴实训任务 0302 制得的细胞色素 c 洗脱液 10min。

② 磁力搅拌冰浴中的细胞色素 c 洗脱液，缓慢加入固体硫酸铵，至溶液硫酸铵的饱和度为 45%，静置 30min。

③ 4℃下 5000r/min 离心 20min，弃沉淀，将红色透亮的上清液冰浴。

2. 三氯乙酸沉淀细胞色素 c

① 磁力搅拌冰浴中的红色透亮溶液，按 2.5mL 三氯乙酸、100mL 细胞色素 c 溶液的比例加入 20%三氯乙酸溶液。

② 立即于 4℃下 3000r/min 离心 15min（或 8000r/min、5min)，收集沉淀。

③ 沉淀中加入少许蒸馏水，用玻璃棒搅拌，使沉淀溶解。

3. 透析除盐

① 将沉淀的细胞色素溶解于少量的蒸馏水后，装入透析袋。

② 电磁搅拌器搅拌下，在 500mL 烧杯中对蒸馏水进行透析除盐，每 15min 换水一次。

③ 换水 3～4 次后，检查透析外液是否有 SO_4^{2-}。

检查方法：取 2mL 10%乙酸钡溶液于试管中，滴加 2～3 滴透析外液至试管中，若出现白色沉淀，表示 SO_4^{2-} 未除净，反之，说明透析完全。

④ 将透析液过滤，滤液冰箱冷藏，待用。

【拓展知识】

血浆蛋白

1. 血液及其组成

血液由有形的血细胞和无形的液体成分血浆组成，血细胞主要有红细胞、白细胞和血小板。血液凝固后析出淡黄色透明液体，称为血清。血清与血浆的区别在于血清中没有纤维蛋白原，但含有一些在凝血过程中生成的分解产物。

血液在沟通机体内外环境、维持内环境（由血浆、组织间液以及其他细胞外液共同构成）的相对稳定、物质的运输、免疫防御及凝血与抗凝血作用等方面都起着重要作用。

2. 血浆蛋白

血浆中最主要的成分是蛋白质。血浆中多种蛋白质的总称为血浆蛋白。血浆蛋白种类繁多、功能各异，用不同的分离方法可将血浆蛋白质分为不同的种类。生物化学中一般用盐析法将血浆蛋白分为白蛋白、球蛋白与纤维蛋白原三大类；用醋酸纤维薄膜电泳法可将血浆蛋白分为白蛋白、α_1-球蛋白、α_2-球蛋白、α_3-球蛋白、β-球蛋白、γ-球蛋白等；用其他方法（如免疫电泳）还可以将血浆蛋白作更进一步的区分。

(1) 血浆蛋白的种类　已知的血浆蛋白有二百多种，除按分离方法分类外，用功能分类法可分为以下8类。

① 凝血系统蛋白质。包括12种凝血因子（除Ca^{2+}外）。

② 纤溶系统蛋白质。包括纤溶酶原、纤溶酶、激活剂及抑制剂等。

③ 补体系统蛋白质。

④ 免疫球蛋白。

⑤ 脂蛋白。

⑥ 血浆蛋白酶抑制剂。包括酶原激活抑制剂、血液凝固抑制剂、纤溶酶抑制剂、激肽释放抑制剂、内源性蛋白酶及其他蛋白酶抑制剂。

⑦ 载体蛋白。

⑧ 未知功能的血浆蛋白质。

（2）血浆蛋白的主要功能

① 营养功能。在每个成人3L左右的血浆中，约含有200g蛋白质，它们起着营养储备的功能。

② 血浆清蛋白在维持血浆胶体渗透压方面起主要作用。

③ 在生理pH下，血浆蛋白为弱酸，并且其中一部分与Na^+结合成弱酸盐。弱酸与弱酸盐组成缓冲体系，在维持血浆正常pH方面发挥作用。

④ 运输作用。血浆中一些不溶或难溶于水的物质以及一些易被细胞摄取或易随尿液排出的物质，常与一些载体蛋白结合，以利于它们在血液中的运输和代谢调节。

⑤ 催化作用。血浆中有许多种酶，按其来源可将它们分为三类：血浆功能性酶（如脂蛋白脂肪酶、纤溶酶等）、外分泌酶（如淀粉酶）、细胞酶（如谷丙转氨酶）。其中，血浆功能性酶是真正在血浆中起催化作用、发挥功能的酶。测定这些酶在血浆中的活性有助于疾病的诊断和预后。

⑥ 血液凝固与纤维蛋白溶解作用。一些血浆蛋白是凝血因子，经适当因素激活后，可促使纤维蛋白原转变为纤维蛋白，后者可网罗血细胞形成凝块，阻止出血。血浆中的纤溶酶原在纤溶激活剂的作用下转变为纤溶酶，使纤维蛋白溶解，以保证血流通畅。

⑦ 免疫作用。血浆中具有免疫作用的蛋白质是免疫球蛋白（抗体）和补体。免疫球蛋白可分为IgG、IgA、IgM、IgD、IgE五大类；补体是一类血浆球蛋白，是以酶原形式存在的蛋白水解酶体系。免疫球蛋白与补体的作用密切相关。

（3）最重要的血浆蛋白——白蛋白　人血浆白蛋白是人血浆含量最多的蛋白质，约45g/L，占血浆总蛋白的60%。肝脏每天合成12g白蛋白，占肝脏分泌蛋白的50%。人血浆白蛋白是由585个氨基酸组成的一条多肽链，含17个二硫键，分子量约为69000。白蛋白的分子呈椭圆形，较球蛋白和纤维蛋白原分子对称，故白蛋白黏性较低。血浆白蛋白主要有如下两方面生理功能。

① 维持血浆胶体渗透压。因血浆中白蛋白含量最高且分子量较小，故血浆中

它的分子数最多。因此在血浆胶体渗透压中起主要作用，提供75%～80%的血浆总胶体渗透压。

② 与各种配体结合，起运输功能。许多物质如游离脂肪酸、胆红素、性激素、甲状腺素、肾上腺素、金属离子、磺胺药、青霉素G、双香豆素、阿司匹林等药物，都能与白蛋白结合，增加亲水性而便于运输。

【复习思考】

1. 什么是盐析沉淀技术？
2. 为什么蛋白质溶液中加入高浓度中性盐，蛋白质会沉淀析出来？
3. 对比其他盐析的中性盐，硫酸铵有何优缺点？
4. 影响盐析的因素有哪些？
5. 简述盐析的操作过程。
6. 盐析操作中需要注意的事项有哪些？

单元四

有机溶剂沉淀蛋白质

【学习目标】

1. 理解有机溶剂沉淀法及其原理。
2. 了解有机溶剂沉淀法的特点。
3. 熟悉常用有机溶剂及其选择依据。
4. 理解影响有机溶剂沉淀的因素。
5. 能够熟练地进行有机溶剂沉淀蛋白质的操作。

【基础知识】

一、有机溶剂沉淀法及其原理、特点

1. 有机溶剂沉淀法

利用有机溶剂能显著降低蛋白质等生物大分子在水溶液中的溶解度的原理，而使之沉淀析出的方法，称为有机溶剂沉淀法。不同的蛋白质沉淀时所需的有机溶剂的浓度不同，因此调节有机溶剂的浓度，可以使混合蛋白质溶液中的蛋白质分段析出，达到分离纯化的目的。有机溶剂沉淀法不仅适用于蛋白质的分离纯化，还常用于酶、核酸、多糖等物质的分离纯化。

2. 有机溶剂沉淀法原理

有机溶剂沉淀的原理主要有以下两点。

① 有机溶剂能降低水溶液的介电常数，使溶质分子（如蛋白质分子）之间的静电引力增大，从而促使它们之间互相聚集并沉淀出来。

② 有机溶剂的亲水性比溶质分子的亲水性强，它会抢夺本来与亲水溶质结合的自由水，破坏其表面的水化膜，导致溶质分子之间的相互作用增大而发生聚集，

从而沉淀析出。

3. 有机溶剂沉淀法的特点

与盐析法相比，有机溶剂沉淀法的优点主要有以下两点。

① 分辨能力比盐析法高。因为蛋白质等其他生物大分子只在一个比较窄的有机溶剂浓度范围下沉淀。

② 有机溶剂沸点低，容易除去或回收，产品更纯净，沉淀物与母液间的密度差较大，分离容易。而盐析法需要复杂的除盐过程才能将盐从产品中除去。

有机溶剂沉淀法没有盐析法安全，它容易使蛋白质等生物大分子变性，沉淀操作需要在低温下进行，需要耗用大量的有机溶剂，为了节约成本，常将有机溶剂回收利用。另外，有机溶剂一般易燃易爆，储存比较麻烦。

二、 常用的有机溶剂及其选择依据

有机溶剂沉淀中常用有机溶剂的选择主要考虑以下几个方面的因素。

① 介电常数小，沉淀作用强。

② 对生物大分子的变性作用小。

③ 毒性小，挥发性适中。沸点低虽有利于溶剂的除去和回收，但挥发损失较大，且给劳动保护和安全生产带来麻烦。

④ 一般需能与水无限混溶。

结合上面几个因素，常用于生物大分子沉淀的有机溶剂有乙醇、丙酮、异丙酮和甲醇等。其中，乙醇是最常用的有机溶剂沉淀剂。因为它具有沉淀作用强、沸点适中、无毒等优点，广泛用于蛋白质、核酸、多糖、核苷酸、氨基酸等的沉淀过程。丙酮的介电常数小于乙醇，故沉淀能力较强。用丙酮代替乙醇作沉淀剂一般可减少 1/4～1/3 有机溶剂的用量，但丙酮具有沸点较低、挥发损失大、对肝脏有一定的毒性、着火点低等缺点，使得它的应用不如乙醇广泛。甲醇的沉淀作用与乙醇相当，对蛋白质的变性作用比乙醇、丙酮都小，但甲醇口服有剧毒，所以应用也不如乙醇广泛。

三、 影响有机溶剂沉淀的因素

1. 温度

温度影响有机溶剂的沉淀能力，一般温度越低，沉淀越完全。另外，大多数生物大分子（如蛋白质、酶、核酸）在有机溶剂中对温度特别敏感，温度稍高就会引起变性，且有机溶剂与水混合时，会放出大量的热，使溶液的温度显著升高，从而增加生物大分子的变性作用。因此，在使用有机溶剂沉淀生物大分子时，整个操作过程应在低温下进行，而且要保持温度的相对恒定，防止已沉淀的物质复溶解或者另一物质的沉淀。

具体操作时，常常将待分离的溶液和有机溶剂分别进行预冷，有机溶剂最好预冷至－20～－10℃，在添加有机溶剂时，整个系统要高度冷却，一般保持在0℃左右，同时不断搅拌，少量多次加入。为了减少有机溶剂对生物大分子的变性作用，通常使沉淀在低温下短时间（0.5～2h）处理后即进行过滤或离心分离，接着真空抽去剩余溶剂或将沉淀溶于大量的缓冲溶液中以稀释有机溶剂，旨在减少有机溶剂与目的物的接触。

2. pH

同盐析一样，有机溶剂沉淀时，溶液pH应该在保证待沉淀物稳定的前提下，尽可能地接近其等电点。另外，在控制溶液的pH时，务必使溶液中的大多数蛋白质分子带有相同电荷，而不要让目的物与主要杂质分子带相反电荷，以免出现严重的共沉作用。

3. 样品浓度

样品浓度对有机溶剂沉淀生物大分子的影响与盐析的情况相似。低浓度样品要使用比例更大的有机溶剂进行沉淀，且样品的损失较大，即回收率低。但对于低浓度的样品，杂蛋白与样品的共沉作用小，分离效果较好。反之，对于高浓度的样品，可以减少有机溶剂用量提高回收率，但杂蛋白的共沉作用大，分离效果下降。通常，蛋白质的初浓度以0.5%～2%为宜，黏多糖则以1%～2%较合适。

4. 中性盐浓度

较低浓度中性盐的存在可减少蛋白质变性。一般有机溶剂沉淀时，中性盐浓度以0.01～0.05mol/L为宜，常用的中性盐为乙酸钠、乙酸铵、氯化钠等。少量的中性盐对蛋白质的变性有良好的保护作用，但盐浓度过高会增加蛋白质在水中的溶解度，从而降低了有机溶剂沉淀蛋白质的效果。所以若要对盐析后的上清液或沉淀物进行有机溶剂沉淀时，必须事先除盐。

5. 某些金属离子

一些金属离子如Ca^{2+}、Zn^{2+}等，可以与某些呈阴离子状态的蛋白质形成复合物，这种复合物的溶解度大大降低而且不影响蛋白质的生物活性，有利于沉淀的形成，并降低有机溶剂的用量。但使用时要避免溶液中存在能与这些金属离子形成难溶性盐的阴离子（如磷酸根）。实际操作时往往先加有机溶剂除去杂蛋白，再加Ca^{2+}、Zn^{2+}沉淀目的物。

【实训任务】

血清中免疫球蛋白的分离纯化

一、 所属项目与任务编号

1. 所属项目：血液蛋白的分离与精制
2. 任务编号：0402

二、 实训目的

1. 理解有机溶剂沉淀法的原理。
2. 掌握有机溶剂沉淀法的操作。
3. 能用有机溶剂沉淀法分离血清中的免疫球蛋白。

三、 实训原理

免疫球蛋白是人和动物血浆蛋白的重要组分之一。乙醇的亲水性比免疫球蛋白强，能破坏免疫球蛋白表面的水化膜，降低血清的介电常数，导致免疫球蛋白分子之间的相互作用增大而发生聚集，从而沉淀析出。

四、 材料与试剂

1. 材料：人或动物的新鲜血液。
2. 试剂：柠檬酸钠、磷酸氢二钠、磷酸二氢钠、氯化钠、无水乙醇。

五、 仪器和器具

高速冷冻离心机、离心管、电子天平、烧杯、量筒、玻璃棒、pH 计等。

六、 操作步骤

1. 制备血清：量取 1000mL 新鲜的动物或人血，冰浴下加入柠檬酸钠 10g，搅拌溶解，4℃下以 5000r/min 离心 15min，取上清（血清），弃沉淀（血细胞，也可用于制备血红素或超氧化物歧化酶）。

2. 量取血清100mL，搅拌降温至0～4℃，用磷酸盐将血清调pH 7.2。

3. 加NaCl至NaCl浓度为0.14mol/L。

4. 加无水乙醇至其浓度为8%，加入乙醇的时间控制在60～90min；从加乙醇开始起为反应体系降温，保持反应温度在－2～－4℃；加完乙醇后取样测pH值，调节pH值为7.2；继续搅拌1h，然后静置30min。

5. 混悬液在4℃下以10000r/min离心10min，去除上清，收集沉淀并称定质量。

6. 沉淀中边搅拌边缓慢加入沉淀质量7倍、0～4℃的注射用水，持续搅拌直至成为均匀的蛋白浆。

7. 取样测pH值，蛋白浆中加磷酸盐调至pH为6.9～7.1，加NaCl至NaCl浓度为0.05mol/L。

8. 加乙醇至乙醇浓度为25%，从加乙醇开始起为反应体系降温，保持反应温度在－5℃。

9. 加完乙醇后取样测pH值，调节pH值为6.9～7.1；继续搅拌1h，静置30min。

10. 混悬液在4℃下以10000r/min离心10min，去除上清，收集沉淀并称定质量，沉淀即为免疫球蛋白。

七、 结果计算

1. 计算血清中免疫球蛋白的质量浓度。

2. 计算第二次有机溶剂沉淀的得率。

【拓展知识】

其他沉淀方法

1. 等电点沉淀法

利用两性生化物质在等电点时溶解度最低，以及不同的两性生化物质具有不同的等电点的特性，对蛋白质、氨基酸等两性生化物质进行分离纯化的方法称为等电点沉淀法。

2. 选择性变性沉淀法

选择性变性沉淀法是利用蛋白质、酶和核酸等生物大分子对某些物理或化学因素敏感性不同，而有选择性地使之变性沉淀，达到分离纯化的目的。这种方法主要是破坏杂质，保存目的物。

这类方法大致可分为以下三种：利用表面活性剂或有机溶剂引起变性；利用生

物大分子对热的稳定性不同，加热破坏某些组分，而保留另一些组分；利用酸碱变性有选择性地除去杂蛋白。

3. 有机聚合物沉淀法

有机聚合物是20世纪60年代发展起来的一类沉淀剂，最早被用来沉淀分离血纤维蛋白原、免疫球蛋白以及一些细菌与病毒，近年来被广泛应用于核酸和酶的分离纯化。有机聚合物包括不同分子量的聚乙二醇（polyethylene glycol，PEG）、聚乙烯吡咯烷酮和葡萄糖等。其中应用最多的是聚乙二醇，它的亲水性强，可溶于水和许多有机溶剂，对热稳定，有广范围的分子量。在生物大分子的制备中，用得较多的是分子量为6000～20000的PEG。

到目前为止，关于PEG沉淀机制的解释还都仅仅是假设，没有得到充分的证实，可能是发生共沉作用；或是由于聚合物有较强的亲水性，使生物大分子脱水而发生沉淀；或是聚合物与生物大分子之间以氢键相互作用形成复合物，在重力作用下形成沉淀析出；也可能是通过空间位置排斥，使液体中生物大分子被迫挤聚在一起而发生沉淀。

【复习思考】

1. 简述有机溶剂沉淀法及其原理。
2. 有机溶剂的选择依据有哪些？常用的有机溶剂有哪些？
3. 影响有机溶剂沉淀的主要因素有哪些？

模块五

目标产物的纯化

单元一

离子交换色谱分析

【学习目标】

1. 熟悉离子交换色谱技术的概念、特点及其应用。
2. 掌握离子交换树脂的分类、性能和选择方法。
3. 掌握离子交换色谱技术的操作。
4. 了解离子交换色谱技术的常用设备。

【基础知识】

一、 离子交换色谱技术

离子交换色谱技术（ion exchange chromatography，IP），是利用离子交换树脂上能解离的离子与流动相中具有相同电荷的组分离子进行可逆交换，当混合液中各种组分（离子）与树脂上基团结合的牢固程度（即结合力大小）有差异时，选用适当的洗脱液，即可将各组分逐个洗脱下来，实现混合物中各组分分离的技术。

二、 离子交换分离的过程

两性电解质（如蛋白质、氨基酸等）在不同的溶液当中所带的净电荷的种类和数量是不同的，与离子交换树脂基团的吸附能力也不同，因此可以通过改变溶液的pH值和离子强度来影响被分离物与离子交换树脂的吸附作用，从而将它们相互分离开来。一般离子交换分离的过程有以下几个步骤（图5-1）。

（a）初始稳定状态。活性离子（△）与功能基团以静电作用结合形成稳定的初始状态，此时从柱顶端上样。

（b）离子交换。引入带电荷的目的分子（■和●，其中■与活性基团的结合力比●强)，则目的分子会与活性离子进行交换，结合到功能基团上。结合的牢固程度与该分子所带电荷量成正比。

(c) ～ (d) 洗脱。以一定强度的离子（▲）或不同 pH 值的缓冲液将结合的分子洗脱下来。

(e) 再生。以适当再生剂平衡，使活性离子（△）重新结合至功能基团，恢复其重新交换的能力。

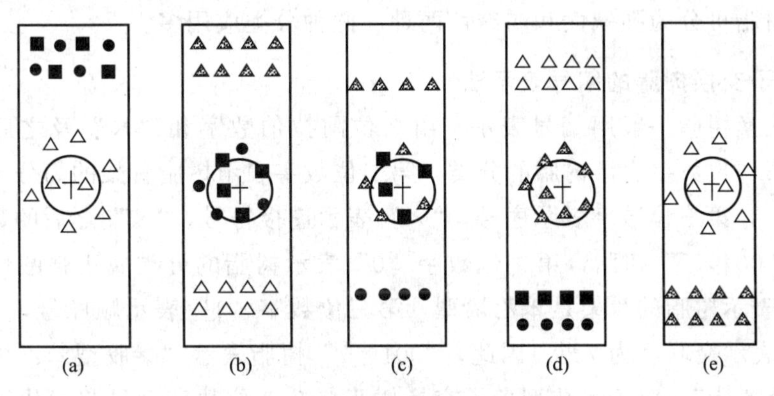

图 5-1　离子交换分离过程示意图

三、　离子交换树脂

离子交换树脂是一种不溶于水及一般酸、碱和有机溶剂的有机高分子化合物，其化学稳定性良好，具有离子交换能力，其活性基团一般是多元酸或多元碱。离子交换树脂可以分成两部分：不能移动的高分子惰性骨架和可移动的活性离子(图 5-2)。

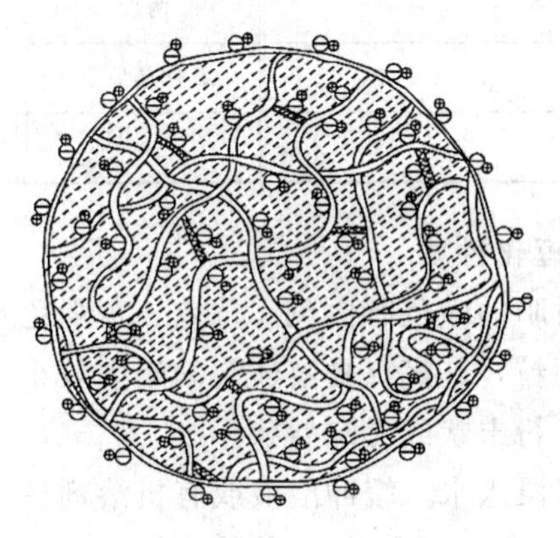

图 5-2　离子交换树脂的构造模型图

1. 离子交换树脂的分类

(1) 按树脂骨架的主要成分分　离子交换树脂可分为苯乙烯型树脂、丙烯酸型树脂、多乙烯多胺-环氧氯丙烷型树脂和酚醛型树脂等。

（2）按制备树脂的聚合反应类型分　离子交换树脂分为共聚型树脂、缩聚型树脂等。

（3）按树脂骨架的物理结构分　离子交换树脂分为凝胶型树脂（也称微孔树脂）、大网格树脂（也称大孔树脂）和均孔树脂（也称等孔树脂）等。

（4）按活性基团的性质分　离子交换树脂可分为含酸性基团的阳离子交换树脂和含碱性基团的阴离子交换树脂。阳离子交换树脂可分为强酸性和弱酸性两种，阴离子交换树脂可分为强碱性和弱碱性两种。此种分类应用多。

2．离子交换树脂的编号表示法

离子交换树脂一般用编号表示，由3位阿拉伯数字和“×”及之后的数字组成，其中第一位数字表示树脂的分类，第二位数字表示树脂骨架的高分子化合物类型（表5-1），第三位数字表示序号，“×”表示连接符号，“×”之后的数字表示交联度。如“001×7”树脂，第一位数字“0”表示树脂的分类属于强酸性，第二位数字“0”表示树脂的骨架是苯乙烯型，第三位数字“1”表示顺序号，“×”后的数字“7”表示交联度为7%。因此，“001×7”树脂表示“凝胶型苯乙烯型强酸性阳离子交换树脂”。对于大孔型离子交换树脂，在3位数字型号前加代表“大”的汉语拼音首位字母“D”表示。一般规定前3位数字是001～100的为强酸性阳离子交换树脂，101～200为弱酸性阳离子交换树脂，201～300为强碱性阴离子交换树脂，301～400为弱碱性阴离子交换树脂。

表5-1　离子交换树脂分类和表示

分类	骨架	代号	分类	骨架	代号
强酸性	苯乙烯型	0	整合性	乙烯吡啶型	4
弱酸性	丙烯酸型	1	两性	脲醛型	5
强碱性	酚醛型	2	氧化还原性	氯乙烯型	6
弱碱性	环氧型	3			

3．离子交换树脂的理化性质

（1）外观和粒度　树脂的颜色有白色、黄色、黄褐色及棕色等，有透明或不透明的。多数树脂为球形颗粒，其优点是液体流动阻力较小、耐磨性能较好、不易破裂，少数呈膜状、棒状、粉末状或无定型状。

（2）膨胀度　干树脂浸入水、缓冲溶液或有机溶剂后，树脂上的极性基团强烈吸水，高分子骨架吸附有机溶剂，使树脂的体积发生膨胀，此为树脂的膨胀性。一般，凝胶树脂的膨胀度随交联度的增大而减小，树脂上活性基团的亲水性愈弱，活性离子的价态愈高，水合程度愈大，膨胀度愈低。确定树脂装柱量时，应考虑其膨胀性能。

（3）交联度　离子交换树脂中交联剂的含量即为交联度，通常用树脂中交联剂所占的质量百分比表示。一般，交联度愈高，树脂的结构愈紧密，溶胀性小，选择性高，大分子物质愈难被交换。应根据被交换物质分子的大小及性质，选择适宜交联度的树脂。

（4）含水量　每克干树脂吸收水分的质量称为含水量，一般为0.3～0.7g。树脂的交联度愈高，含水量愈低。干燥的树脂易破碎，商品树脂常以湿态密封包装。干树脂初次使用前应用盐水浸润后，再用水逐步稀释以防止暴胀破碎。

（5）交换容量　单位质量（或体积）的干树脂所能交换离子的量，称为树脂的质量（体积）交换容量，表示为“mmol/g 干树脂”。交换容量是表征树脂活性基数量或交换能力的重要参数。一般，交联度愈低，活性基团数量愈多，则交换容量愈大。

（6）稳定性　包括化学稳定性和热稳定性。一般阳离子树脂较阴离子树脂的化学稳定性好，阴离子树脂中弱碱性树脂最差，干燥的树脂受热易降解破坏。强酸、强碱的盐型较游离酸（碱）型稳定，聚苯乙烯型较酚醛树脂型稳定。

（7）机械强度　机械强度是指树脂在各种机械力的作用下，抵抗破碎的能力。一般用树脂的耐磨性能来表达树脂的机械强度。测定时，将一定量的树脂经酸、碱处理后，置于珠磨机或振荡筛中撞击、磨损一定时间后取出过筛，以完好树脂的质量分数来表示。药品分离，对商品树脂的机械强度一般要求在95%以上。

4．离子交换树脂的活性基团和功能特性

（1）强酸性阳离子交换树脂　一般以磺酸基$-SO_3H$作为活性基团。强酸性树脂活性基团的电离程度大，不受溶液pH的影响，在pH 1～14的范围内均可进行离子交换反应。强酸性树脂与H^+结合力弱，再生成氢型比较困难，耗酸量较大，一般为该树脂交换容量的3～5倍。主要用于软水和无盐水的制备，在链霉素、卡那霉素、庆大霉素、赖氨酸等的提取精制中应用也较多。

（2）弱酸性阳离子交换树脂　弱酸性阳离子交换树脂是指含有羧基（$-COOH$）、磷酸基（$-PO_3H_2$）、酚基（$-C_6H_4OH$）等弱酸性基团的离子交换树脂，其中以含羧基的离子交换树脂用途最广。弱酸性基团的电离程度受溶液pH的影响很大，在酸性溶液中几乎不发生交换反应，只有在pH≥7的溶液中才有较好的交换能力。pH升高，交换容量增大。羧酸钠型树脂不易洗涤到中性，一般洗到出口pH 9～9.5即可，且洗水量不宜过多。弱酸性树脂和H^+结合力很强，易再生成氢型且耗酸量少。

（3）强碱性阴离子交换树脂　强碱性阴离子交换树脂是以季铵基为交换基团的离子交换树脂，活性基团有三甲氨基［$-N(CH_3)_3OH$，Ⅰ型］、二甲基-β-羟-乙氨基［$-N(CH_3)_2(C_2H_4OH)OH$，Ⅱ型］，Ⅰ型较Ⅱ型碱性更强，用途更广泛。强碱性活性基团的电离程度大，它在酸性、中性甚至碱性介质中都可以显示离子交换功能。氯型较羟型更稳定，耐热性更好，商品多为氯型。强碱性树脂与OH^-结合力较弱，再生时困难，且耗碱量较大。此类树脂在生产中常用于无盐水的制备和药物的分离提纯。

(4) 弱碱性阴离子交换树脂　弱碱性阴离子交换树脂是以伯胺基（$—NH_2$）、仲胺基（—NHR）或叔胺基（$—NR_2$）为交换基团的离子交换树脂。弱碱性基团在水中解离程度很小，仅在中性及酸性（pH＜7）的介质中才显示离子交换功能，即交换容量受溶液 pH 的影响较大，pH 愈低，交换能力愈大。弱碱性基团与 OH—结合力很强，易再生为羟型，且耗碱量少。

5．离子交换树脂的选择性

离子交换树脂的选择性就是在稀溶液中某种树脂对不同离子交换亲和力的差异。离子与树脂活性基团的亲和力愈大，则愈易被树脂吸附。影响离子交换树脂选择性的因素主要有下列几项。

(1) 离子的水化半径　离子在水溶液中的大小用水化半径来表示。通常离子的水化半径愈小，离子与树脂活性基团的亲和力愈大，愈易被树脂吸附。

(2) 离子的化合价和离子的浓度　在常温稀溶液中，离子的化合价越高，电荷效应越强，就越易被树脂吸附。溶液浓度较低时，树脂吸附高价离子的倾向增大。

(3) 溶液的 pH　它决定树脂交换基团及交换离子的解离程度，从而影响交换容量和交换选择性。对于弱酸、弱碱性树脂，溶液的 pH 对树脂的解离度和吸附能力影响较大；对于弱酸性树脂，只有在碱性条件下才能起交换作用；对于弱碱性树脂，只能在酸性条件下才能起交换作用。

(4) 离子强度　溶液中其他离子浓度高，与目的物离子进行吸附竞争，减少有效吸附容量。另一方面，离子的存在会增加药物分子以及树脂活性基团的水合作用，从而降低吸附选择性和交换速率。一般在保证目的物溶解度和溶液缓冲能力的前提下，尽可能采用低离子强度。

(5) 交联度和膨胀度　树脂的交联度小，结构蓬松，膨胀度大，交换速率快，但交换的选择性差；反之，交联度高，膨胀度小，不利于有机大分子的吸附进入，因此须选择适当交联度、膨胀度的树脂。

(6) 有机溶剂　当存在有机溶剂时，常会使树脂对有机离子的选择性吸附降低，且易吸附无机离子。树脂上已被吸附的有机离子易被有机溶剂洗脱，因此常用有机溶剂从树脂上洗脱较难洗脱的有机物质。

6．离子交换树脂的选择

离子交换技术进行分离提纯的关键是选择适合的离子交换树脂。

对离子交换树脂的要求：具有较高的交换容量；具有较好的交换选择性；交换速率快；具有在水、酸、碱、盐、有机溶剂中的不可溶性；较高的机械强度，耐磨性能好，可反复使用；耐热性好，化学性质稳定。

选择离子交换树脂应根据目的物的理化性质及具体分离要求，综合考虑以下几方面因素。

(1) 首先要考虑目的分子的大小　目的分子的大小会影响其接近树脂上的带电功能基团，也会影响介质对该目的分子的动力载量，从而影响其分离。在原料中含有大分子时，宜选用多孔性好、排阻范围广的凝胶骨架介质进行分离。

(2) 其次是对树脂上带电功能基团的选择　需要了解在什么样的 pH 范围内目的分子会结合至离子交换基团上。在实际应用中，必须考虑目的分子的 pH 稳定性。许多大分子的活性 pH 范围较狭窄，容易变性或失活，这时选择离子交换介质会受到原料稳定性的限制。

(3) 再次要考虑交换功能基团的强弱　如果目的分子很稳定，应首先选择强交换介质。强交换介质的动力载量不会随 pH 的不同而改变，离子交换过程遵循最基本的吸附原理，简单易控。使用强离子交换树脂允许较大吸附 pH 及离子强度选择范围，目的分子吸附后只需提高缓冲盐浓度即可洗脱，同时可有目的分子的浓缩效应。而弱离子交换介质 pH 适用范围较小，在 pH<6 时，弱阳离子交换介质会失去电荷；而在 pH>9 时，弱阴离子交换介质会失去电荷。所以一般情况下，在分离等电点 pH 为 6～9 的目的分子，尤其是当目的分子不稳定，需要较温和的色谱条件时才会选用弱交换介质。

四、离子交换体系

离子交换体系由离子交换树脂、被分离离子、流动相等组成。

1. 流动相及其选择

离子交换色谱的流动相必须是有一定离子强度的并且对 pH 有一定缓冲能力的溶液。选择流动相时需要考虑以下几方面。

(1) 离子交换后，流动相 pH 的改变　基于离子交换的原理，目的分子在与介质上的反离子交换后，释放到溶液中的反离子可以使液相中的离子强度增大，pH 可能会发生改变，有可能导致目的分子失活。所以，使用缓冲液可稳定流动相的 pH，同时还可稳定目的分子上的电荷量，保证分离结果的重现性。

(2) 选择一合适的吸附 pH　要使目的分子带有电荷并以适当的强度结合到离子交换介质上，需要选择一合适的吸附 pH。对于阴离子交换介质来说，吸附 pH 至少应高于目的分子等电点 1 个 pH 单位；而对于阳离子交换介质，则应至少低于目的分子等电点 1 个 pH 单位，这样可保证目的分子与介质间吸附的完全性。

(3) 吸附 pH 选好后，还需选择流动相的离子强度　吸附阶段应选择允许目的分子与介质结合达到的最高离子强度，而洗脱时要选择可使目的分子与介质解吸的最低离子强度。这也就定出了洗脱液离子强度的梯度起止范围。在介质再生之前，往往还需用第三种离子强度更高的缓冲液流洗柱床，以彻底清除可能残留的牢固吸附杂质。在大部分情况下，吸附阶段溶液盐浓度至少应在 10mmol/mL 以上，以提供足够的缓冲容量，但浓度不可过高，否则将影响载量。

2. 影响离子交换速率的因素

因为离子交换反应的速率极快，所以离子交换过程不是离子交换色谱中的控制步骤。离子交换包括离子在颗粒内的扩散和在颗粒外的扩散。离子在颗粒内的扩散速率与树脂结构、颗粒大小、离子特性等因素有关；而在颗粒外的扩散速率与溶液的性质、浓度、流动状态等因素有关。离子交换速率主要由内部扩散速率所控制。影响离子交换速率的因素主要有以下几个方面。

（1）颗粒大小　树脂颗粒增大，内扩散速率减小，交换速率减小。减小树脂颗粒直径，可有效提高离子交换速率。

（2）交联度　离子交换树脂载体聚合物的交联度大，树脂孔径小，离子内扩散阻力大，其内扩散速率慢，交换速率小。降低树脂交联度，可提高离子交换速率。

（3）温度　温度升高，离子内、外扩散速率都将加快。温度每升高 25℃，离子交换速率可增加 1 倍，但应考虑被交换物质对温度的稳定性。

（4）离子化合价　被交换离子的化合价越高，引力的影响越大，离子的内扩散速率越慢。

（5）离子的大小　被交换离子越小，内扩散阻力越小，离子交换速率越快。

（6）搅拌速率或流速　搅拌速率或流速愈大，液膜的厚度愈薄，外扩散速率愈高。但当搅拌速率增大到一定程度后，影响逐渐减小。

（7）离子浓度　当离子浓度低于 0.01mol/L 时，离子浓度增大，外扩散速率增加。但当离子浓度达到一定值后，浓度增加对离子交换速率增加的影响逐渐减小。

五、 离子交换色谱的操作过程

1. 离子交换树脂的预处理

（1）物理处理　预处理前要先去杂过筛，粒度过大时可稍加粉碎，粉碎后的树脂应筛选或浮选处理。经筛选去除杂质后的树脂，还需要水洗以去除木屑、泥沙等杂质，再用乙醇或其他溶剂浸泡，以去除吸附的少量有机杂质。

（2）化学处理　化学处理的方法是用 8～10 倍的 1mol/L 的盐酸或氢氧化钠溶液交替浸泡（搅拌下）4h 左右，反复用水洗至近中性。

（3）转型　按使用要求人为地赋予树脂平衡离子的过程称为转型。常用的阳离子交换树脂有氢型、钠型、铵型等，常用的阴离子交换树脂有羟型、氯型等。

2. 离子交换操作条件的选择

（1）交换 pH　pH 是离子交换最重要的操作条件。选择时应考虑：在分离物质稳定的 pH 范围内，使分离物质能离子化、使树脂能离子化。一般，对于弱酸性和弱碱性树脂，为使树脂能离子化，应采用钠型或氯型；而对于强酸性和强碱性树脂，可以采用任何形式。若抗生素在酸性、碱性条件下易破坏，则不宜采用氢型和羟型树脂。对于偶极离子，应采用氢型树脂吸附。

（2）洗涤　离子交换后，洗脱前树脂的洗涤对分离质量影响很大。洗涤的目的是将树脂上吸附的废液及夹带的杂质除去。适宜的洗涤剂应能使杂质从树脂上洗脱下来，不与有效组分发生化学反应。常用的洗涤剂有软化水、无盐水、稀酸、稀碱、盐类溶液或其他络合剂等。

3．装柱及上样

离子交换剂的装柱与一般柱色谱技术（如柱吸附分离）相同，主要是防止出现气泡和分层，装填要均匀。防止产生气泡和分层的方法是，装柱时柱内先保持一定高度的起始洗脱液（一般为柱高的1/3），加入树脂时使树脂借水的浮力慢慢自然沉降。装柱完毕后，用水或缓冲液平衡到所需的条件，如特定的pH、离子强度等。

上样是指将溶解在少量溶剂中的试样加到色谱柱中，使被交换物质从料液中交换到树脂上的过程，分正交换法和反交换法两种。正交换是指料液自上而下流经树脂，此交换方法有清晰的离子交换带，交换饱和度高，洗脱液质量好，但交换周期长，交换后树脂阻力大，影响交换速率。反交换是指料液自下而上流经树脂层，树脂呈沸腾状，所以对交换设备要求比较高。生产中应根据料液的黏度及工艺条件选择，大多采用正交换法。在离子交换操作时必须注意，树脂层之上应保持有液层，处理液的温度应在树脂耐热性允许的最高温度以下，树脂层中不能有气泡。

上柱的一个重要问题是控制流速的加压或减压装置，尤其是采用细长柱或细目交换剂时，压力控制非常重要。加压法是用打气入柱的方式进行加压，可用一个装有样品的分液漏斗与柱用橡皮塞连接，分液漏斗上端串有压力计，并经缓冲瓶与打气管相连，当达到所需压力后就将打气管夹紧。减压法是在柱的排出口增设抽气装置，工业上多采用此法。

4．洗脱

完成离子交换后，将树脂吸附的物质释放出来，重新转入溶液的过程称作洗脱。洗脱剂可选用酸、碱、盐、有机溶剂等。洗脱剂应根据树脂和目的药物的性质来选择。对于强酸性树脂，一般选择氨水、甲醇及甲醇缓冲液等作为洗脱剂；弱酸性树脂用稀硫酸、盐酸等作为洗脱剂；强碱性树脂用盐酸-甲醇、乙酸等作为洗脱剂。若被交换的物质用酸、碱洗不下来，或遇酸、碱易破坏，可以用盐溶液作洗脱剂，此外还可以用有机溶剂作洗脱剂。

洗脱过程是交换的逆过程，一般情况下洗脱条件应与交换条件相反。洗脱流速应大大低于交换时的流速。为防止洗脱过程中pH的变化对药物稳定性的影响，可选用氨水等较缓和的洗脱剂，也可选用缓冲溶液作为洗脱剂。若单靠pH变化洗脱不下来，可以使用能与水混溶的有机溶剂。

洗脱过程中，洗脱剂的 pH 和离子强度可以始终不变，也可以按分离的要求人为地分阶段改变其 pH 和离子强度，这就是阶段洗脱，常用于多组分分离。这种洗脱剂的改变也可以通过仪器来完成，称为连续梯度洗脱，所用仪器称作梯度混合仪。梯度洗脱的效果优于阶段洗脱，特别适用于高分辨率的分析目的。另外，常对不同浓度的洗脱剂进行分步收集，以获较高的分离效果。

5．树脂的再生

所谓树脂的再生就是让使用过的树脂重新获得使用性能的处理过程，包括除去其中的杂质和转型。离子交换树脂一般可重复使用多次，但需进行再生处理。对使用后的树脂首先要去杂质，即用大量的水冲洗，以去除树脂表面和孔隙内部物理吸附的各种杂质。然后再用酸、碱处理，除去与功能基团结合的杂质，使其恢复原有的静电吸附能力。常用的再生剂有 1%～10% HCl、2%～10%的 H_2SO_4、6%～25%的 NaCl、2%～10%的 NaOH、3%～10%的 Na_2CO_3 及 1%～2%的氨水等。常控制再生程度在 80%～90%。

再生可在柱外或柱内进行，分别称为静态再生法和动态再生法。

（1）静态再生法　该法是将树脂放在一定容器内，加入一定浓度的适量再生剂浸泡或搅拌一段时间后，水洗至中性。此法需要将洗涤后的树脂与再生剂反复混合多次，取出再生废液，然后用水对树脂进行洗涤，反复多次，直至再生液被全部洗出。

（2）动态再生法　动态再生法是在柱中进行，其操作同静态再生法。动态再生法既可采用顺流（与洗脱流向相同）再生，也可采用逆流（与洗脱流向相反）再生。顺流再生未再生完全的树脂在床层的底部，残留离子会影响分离效果；逆流再生床层底部的树脂再生程度最高，分离效果稳定。动态再生法具体步骤如下。

① 逆洗使树脂分离。动态再生法中，逆洗可使积压结实的树脂冲开松动，同时调整树脂的填充状态，树脂层中的杂质沉淀物与浮游物等被逆流的液体除去，气泡也被除去。逆洗的水量为树脂层原体积的 150%～170%，逆洗时间一般为 10min。在混合床装置中，逆洗还兼有两种树脂分层的作用。

② 将再生剂通过树脂层。逆洗完毕，树脂颗粒沉降后，将再生液通过树脂层。再生剂的选择原则一般为：氢型交换用酸液，羟型交换用碱液，中性交换树脂（复分解反应的离子交换）用食盐。根据所用树脂的类型，选择适宜的再生剂。再生剂的用量为理论用量的1.5～3 倍。

③ 树脂层的清洗。再生后要用清水对树脂层进行洗涤，以洗去其中的再生废液。为了回收再生废液，先慢速冲洗以回收再生废液，然后快速冲洗。所用洗涤水一般为软水或无盐水。

④ 树脂的混合。洗涤后，混合床须在其底部通入压缩空气搅拌，使两种树脂充分混匀备用。

离子交换树脂再生后，若树脂的形式与下次离子交换所需的形式相同，可以直接使用；若形式不符，则须进行转型处理。树脂暂时不用应浸泡于水中保存或在湿润状态下密闭保存。

6．毒化树脂的逆转

树脂失去交换性能后不能用一般的再生手段重获交换能力的现象称为树脂的毒化。毒化的因素主要有大分子有机物或沉淀物严重堵塞孔隙、活性基团脱落、生成不可逆化合物等，重金属离子也会使树脂毒化。具体的逆转方法是：对已毒化的树脂用常规方法处理后，再用酸、碱加热至40～50℃浸泡，以溶出难溶杂质；也可用有机溶剂加热浸泡处理。

对不同的毒化原因须采用不同的逆转措施，不是所有被毒化的树脂都能逆转，使用时要尽可能减轻毒化现象的发生，以延长树脂的使用寿命。

7．离子交换操作方式

常用的离子交换操作方式有以下两种。

（1）静态交换法　也称“间歇式”，又称分批操作法，是将树脂与交换溶液混合置于一定的容器中，静置或进行搅拌使交换达到平衡。静态交换法操作简单，设备要求低，但由于静态交换是分批间歇进行的，树脂饱和程度低、交换不完全、破损率较高，不适于用作多种成分的分离。多用于学术研究。

（2）动态交换法　一般是指固定床法。先将树脂装柱或装罐，交换溶液以平流方式通过柱床进行交换。该法交换完全，不需搅拌，可采用多罐串联交换，使单罐进、出口浓度达到相等程度，具有树脂饱和程度高、可连续操作等优点，且可使吸附与洗脱在柱床的不同部位同时进行。动态交换法适于多组分的分离以及抗生素等的精制脱盐、中和，在软水、去离子水的制备中也多采用此种方法。

【实训任务1】

离子交换色谱分离α-干扰素

一、所属项目与任务编号

1. 所属项目：基因工程α-干扰素的制备
2. 任务编号：0203

二、实训目的

1. 理解离子交换色谱的原理。
2. 熟练掌握离子交换色谱的基本操作。

3. 能用离子交换色谱技术分离 α-干扰素。

三、 实训原理

干扰素粗液中不同蛋白组分与 CM-32 阳离子交换纤维素的吸附能力不同，用含不同浓度氯化钠的磷酸盐缓冲溶液冲洗，可以有效地将干扰素和部分杂蛋白分离。

DEAE-52 阴离子交换纤维素选择性地吸附干扰素，用含 0.1～0.3mol/L 氯化钠的磷酸盐缓冲液，可以进一步纯化干扰素。

四、 材料与试剂

1. 材料：实训任务 0402 制得的干扰素粗液；CM-32 阳离子交换纤维素、DEAE-52 阴离子交换纤维素。

2. 试剂：盐酸、氢氧化钠、磷酸二氢钠、氯化钠、去离子水、蒸馏水。

五、 仪器与器具

恒流泵、色谱柱、紫外检测仪、部分收集器、烧杯、滴管、量筒、玻璃棒、布氏漏斗、真空泵等。

六、 操作步骤

1. CM-32 阳离子交换纤维素和 DEAE-52 阴离子交换纤维素按以下步骤进行预处理。

① 先将干粉状的纤维素浸泡在蒸馏水中溶胀，大约 3～4h，过滤抽干，去除杂质。

② 再用 0.5mol/L 的 HCl 溶液浸泡 2h，用去离子水洗至 pH 中性，并抽干。

③ 将抽干的纤维素再浸泡在 0.5mol/L 的 NaOH 溶液中 2h，用去离子水洗至中性，抽干，即可进行装柱。

2. 装柱：先在 1.5cm×25cm 的色谱柱中加入 2/3 体积的 pH 7.5 20mmol/L 磷酸盐缓冲液，然后将处理好的 CM-32 阳离子交换纤维素缓慢、均匀地倒入柱中，打开下口，使纤维素自然沉降，至柱高约 18cm。

3. 平衡：用 pH 7.5 20mmol/L 磷酸盐缓冲液冲洗离子交换柱，直至流出液 pH 为 7.5。

4. 上样：控制流速为 1mL/min，使上液面与柱床面相切，同时将干扰素粗液沿壁缓慢加入色谱柱中，待样品溶液全部进入床体时，在柱床加一层缓冲溶液。

5. 洗脱：分别用含氯化钠 0.1mol/L、0.2mol/L、0.3mol/L、0.4mol/L、0.5mol/L 的 pH 7.5 20mmol/L 磷酸盐缓冲液冲洗，收集含干扰素的洗脱液。

6. 另取一色谱柱，按照步骤 2 和 3 装填 DEAE-52 阴离子交换纤维素，并进行平衡。

7. 控制流速为 1mL/min，使上液面与柱床面相切，同时步骤 5 收集的洗脱液沿壁缓慢加入色谱柱中，待样品溶液全部进入床体时，在柱床加一层缓冲溶液。

8. 用含氯化钠 0.1～0.3mol/L 的 pH 7.5 20mmol/L 磷酸盐缓冲液冲洗，收集含干扰素的洗脱液。

9. 洗脱液置于冰箱中冷藏保存，待用。

10. 纤维素再生：先用高浓度 NaCl（1～2mol/L）过柱冲洗柱床，以除去离子交换纤维所吸附的成分。然后，再用 0.5mol/L 的 HCl 和 NaOH 处理，处理方法与预处理完全相同。

【实训任务 2】

离子交换色谱纯化细胞色素 c

一、 所属项目与任务编号

1. 所属项目：细胞色素 c 的制备
2. 任务编号：0304

二、 实训目的

1. 理解离子交换色谱的原理。
2. 熟练掌握离子交换色谱的基本操作。
3. 能用离子交换色谱技术纯化细胞色素 c。

三、 实训原理

用弱酸性阳离子交换树脂 Amberlite IRC-50（NH_4^+ 型）选择性地吸附细胞色素 c，用 0.06mol/ L NaH_2PO_3-0.4mol/LNaCl 溶液洗脱，可得到高纯度的细胞色素 c。

四、 材料与试剂

1. 材料：实训任务 0303 盐析提纯后的细胞色素 c 滤液。

2. 试剂：Amberlite IRC-50（NH_4^+ 型）树脂、盐酸、氨水、磷酸二氢钠、氯化钠、硝酸银、连二亚硫酸钠、无离子水、蒸馏水。

五、 仪器与器具

磁力搅拌器、分光光度仪、电子天平、真空泵、恒流泵、色谱柱、布氏漏斗、滤瓶、烧杯、滴管、量筒、玻璃棒、透析袋等。

六、 操作步骤

1. 根据柱体积取一定量的 Amberlite IRC-50（NH_4^+ 型）树脂，用蒸馏水浸泡过夜。

2. 倾倒去水，加 2 倍体积的 2mol/L HCl 溶液，60℃下恒温电磁搅拌约 1h，倾去酸溶液，再用无离子水洗涤至中性。

3. 加入 2 倍体积的 2mol/L 氨水溶液，60℃下恒温电磁搅拌约 1h，倾去碱溶液，再用无离子水洗至中性，新树脂须反复处理两次。

4. 装柱：先在 1.5cm×25cm 的色谱柱中加入 2/3 体积的蒸馏水，然后将处理好的 Amberlite IRC-50（NH_4^+ 型）树脂缓慢、均匀地倒入柱中，打开下口，使树脂自然沉降，至柱高约 18cm 处。

5. 平衡：用蒸馏水冲洗离子交换柱，直至流出液 pH 为 7～8。

6. 加样：控制流速为 1mL/min，使上液面与柱床面相切，同时将盐析提纯后的细胞色素 c 滤液沿壁缓慢加入色谱柱中，待样品溶液全部进入床体时，在柱床加一层蒸馏水。

7. 打开下口继续用蒸馏水 20～30mL 冲洗，以除去不吸附的杂质。

8. 洗脱：改用 0.06mol/L NaH_2PO_3-0.4mol/L NaCl 溶液洗脱，此时可见色谱柱上部的红色细胞色素 c 不断地被洗脱下来，用干净试管收集。

9. 将红色洗脱液装入透析袋，4℃电磁搅拌下，用蒸馏水进行透析除盐，用 1%硝酸银溶液检查至无氯离子。

10. 将透析液过滤，收集滤液。

11. 利用细胞色素 c 在 520nm 有最大吸收峰的特性，用分光光度法测定滤液中细胞色素 c 的浓度，计算得率。

12. 滤液中加几滴三氯甲烷，密闭于冰箱保存。

【拓展知识】

离子交换设备

离子交换的设备与吸附柱色谱的设备有很多相似之处，除离子交换色谱柱外，常用固定床离子交换设备和移动床离子交换设备。

1. 固定床离子交换设备

固定床离子交换设备是一个装有一定高度离子交换树脂层的圆筒形容器。理想的装置是细而长的离子交换柱，但在实际生产中，能满足离子交换的目的即可。固定床离子交换设备的高径比通常不大（$H/D=2\sim5$），有些高径比接近于1。图 5-3 为固定床离子变换设备。

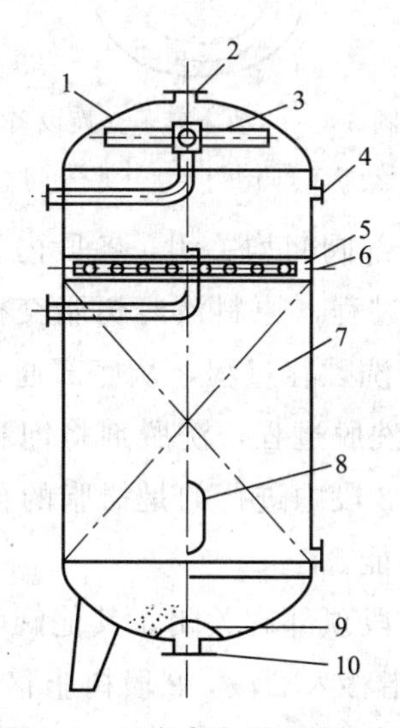

图 5-3　固定床离子交换设备

1—壳体；2—排气孔；3—上水分布装置；4—树脂卸料口；5—压胀层；6—中排液管；7—树脂层；8—视镜；9—下水分布装置；10—出水口

离子交换剂装入设备内并处于静止状态，原料液通常由设备的上部引入，经树脂处理后的液体由底部排出。经过一定时间运行后，树脂饱和，停止交换过程。进行洗涤后再用洗脱剂洗脱。树脂经再生处理后重复使用。

固定床离子交换设备的特点：结构简单，操作方便，树脂损耗少，适于处理澄清料液。但是，由于吸附、洗脱、再生等操作步骤在同一设备内进行，管线复杂，阀门多，树脂利用率较低，交换操作的速度慢。另外，不适于处理悬浮液。虽然其操作费用低，但需多套设备交替使用，增大了设备的投资。

2. 移动床离子交换设备

移动床离子交换设备的特点是离子交换树脂在交换、洗脱、清洗、再生等过程中定期移动。如图5-4为希金斯连续离子交换设备，它是一种典型的移动床离子交换设备。其外形为加长的垂直环形结构，由交换段1、贮存段4、脉冲段3和再生段2构成。该设备的操作分运行和树脂转移两个阶段。

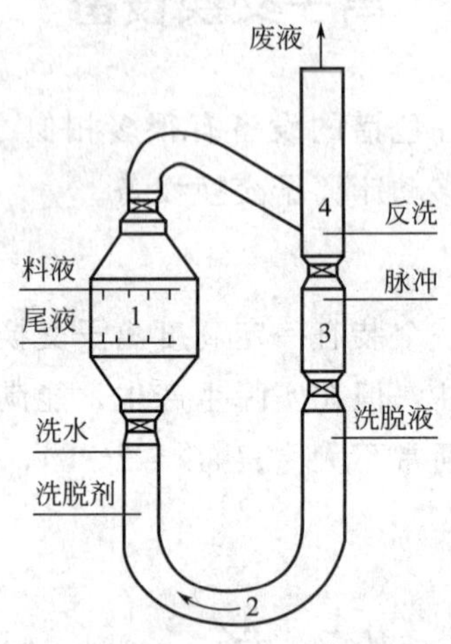

图5-4　移动床离子交换设备

1—交换段；2—再生段；3—脉冲段；4—贮存段

在运行阶段，环路中的全部阀门均关闭，各段内处于固定床状态，各段独立操作。1段中进行的是离子交换过程，原料液经树脂交换后从该段底部排出。4段中进行的是交换后饱和树脂的清洗贮存过程，从底部通入反洗水，洗去树脂中的碎屑和杂质。3段中进行的是脉冲洗脱过程，洗脱剂将饱和树脂中的溶质洗脱下来，利用脉冲作用进行树脂的转移。2段中进行的是树脂的再生过程，最后用漂洗水洗去再生剂，树脂重新获得交换功能。

在树脂转移阶段，只有3段顶部阀关闭，其他阀门均打开；转移时将清水引入3段，在脉冲作用下，3段树脂移入2段，2段树脂移入1段，1段树脂移入4段。

运行阶段和转移阶段交替往复进行，属于半连续操作。

该设备具有树脂用量少（仅为固定床的15%）、树脂利用率高、设备生产能力大、操作速度快、废液少、费用低等优点。其缺点是树脂在环形设备中的转移通过高压水力脉冲作用实现，各段间的阀门开启频繁，结构复杂，树脂易破碎，不适于处理悬浮液或矿浆。

【复习思考】

1. 简述离子交换分离技术。
2. 简述离子交换分离的主要过程。
3. 简述离子交换树脂及其分类。
4. 简述离子交换树脂的活性基团和功能特性。
5. 影响离子交换树脂选择性的因素主要有哪些？

6. 离子交换树脂的一般要求有哪些？
7. 选择离子交换树脂需要考虑哪些因素？
8. 选择流动相时，需要考虑哪几方面的因素？
9. 影响离子交换速率的因素有哪些？
10. 简述离子交换色谱的操作过程。
11. 常用的离子交换方式有哪两种？

凝胶色谱分离

【学习目标】

1. 熟悉凝胶色谱技术的概念、分类、特点。
2. 理解凝胶色谱分离的原理。
3. 掌握常用凝胶的分类、特点和选择方法。
4. 掌握凝胶色谱分离技术的操作。
5. 了解凝胶色谱分离技术的应用。

【基础知识】

一、 凝胶色谱分离技术及其分类、 特点

1. 凝胶色谱分离技术

凝胶色谱分离技术（gel chromatography）是基于分子大小不同而进行分离的一种分离技术。凝胶色谱的整个过程和过滤相似，又称“凝胶过滤”、“凝胶渗透过滤”、“分子筛过滤”等。由于物质在分离过程中的阻滞减速现象，也称“阻滞扩散色谱”、“排阻色谱”等。

2. 凝胶色谱分类

凝胶色谱按其流动相的不同分为两大类：一类是水相系统，称为“凝胶过滤色谱”，其所用的凝胶是亲水性的，适用于分离水溶性化合物；另一类是有机相系统，称为“凝胶渗透色谱”，其所用的凝胶是疏水性的，适用于分离油溶性化合物。

3. 凝胶色谱分离技术的特点

凝胶为惰性物质，不带电，不与溶质分子发生任何作用，因此凝胶色谱分离技术具有分离条件温和；应用范围广，可分离从几百到数百万分子量的分子；设备简

单，易于操作；周期短，凝胶一般不需要再生即可反复使用；不会使物质变性，适用于不稳定的化合物等优点。其缺点是分离速度较慢。目前凝胶色谱分离技术在生物活性物质的分离纯化中占有重要地位，广泛应用于生物医药产品的生产和科研中。

二、凝胶色谱基本原理

图 5-5 为凝胶色谱分离原理示意图，柱内装有凝胶颗粒，凝胶颗粒内部具有多孔网状结构，当被分离的混合物流过色谱柱时，各组分分子存在两种运动，即垂直向下的移动和无定向的扩散运动。由于混合物中含有大小不同的分子，在随流动相移动时，比凝胶孔径大的分子不能进入凝胶孔内，而是随流动相在凝胶颗粒之间的孔隙向下移动（图 5-6），并最先被洗脱出来，见图 5-5（c）；比凝胶孔小的分子以不同的扩散程度进入凝胶颗粒的微孔内，使其向下移动的速率较慢，在色谱柱中逐渐与大分子物质拉开距离，见图 5-5（d），最终达到分离目的。

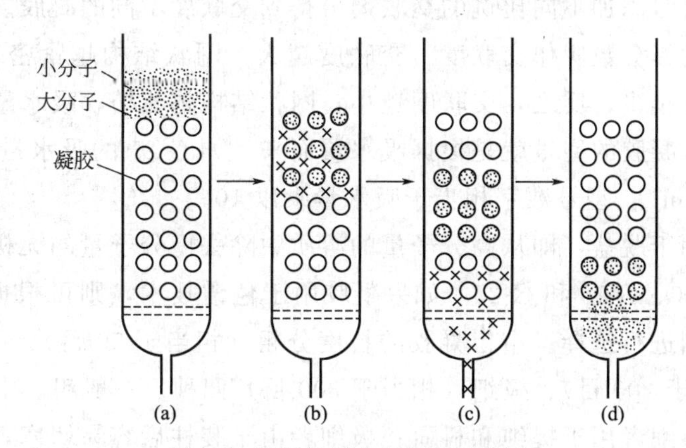

图 5-5　凝胶色谱分离原理示意图

（a）分子大小不同的组分上样；（b）小分子进入凝胶孔内，大分子在凝胶颗粒间移动；（c）大分子洗脱出来；（d）小分子洗脱出来

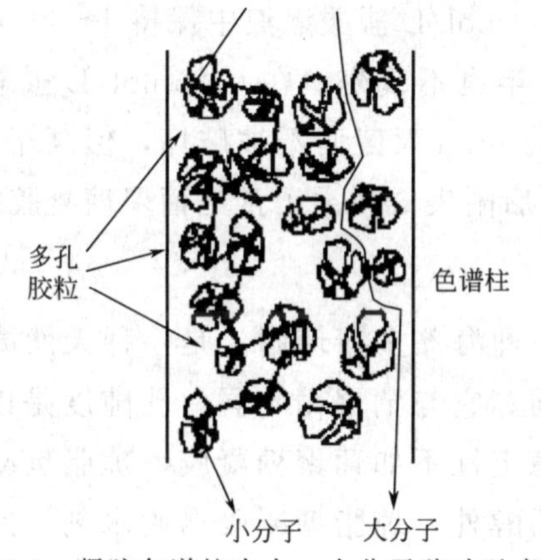

图 5-6　凝胶色谱柱中大、小分子移动示意图

三、凝胶色谱介质

基于凝胶过滤色谱的原理，对其介质的最基本要求是不能与原料组分发生除排阻之外的任何其他相互作用，如电荷作用、化学作用、生物学作用等。理想的凝胶过滤介质具有高物理强度及化学稳定性，能够耐受高温高压和强酸强碱，具有高化学惰性，内孔径分布范围窄，珠粒状颗粒大小均一度高。目前，常用的有葡聚糖凝胶、琼脂糖凝胶、聚丙烯酰胺凝胶等。

1．葡聚糖凝胶

葡聚糖凝胶是应用最广泛的一类凝胶，商品名为 Sephadex。葡聚糖是血浆的代用品，由蔗糖发酵而来。发酵得到的葡聚糖分子量差别很大，用乙醇进行分步沉淀后，选择分子量为 30000～50000 的部分，经交联后就得到不溶于水的葡聚糖凝胶。

在制备凝胶时添加不同比例的交联剂可得到交联度不同的凝胶。交联剂在原料总质量中所占的百分数叫作交联度。交联度越大，网状结构越紧密，吸水量越小，吸水后体积膨胀越少；反之，交联度越小，网状结构越疏松，吸水量越多，吸水后体积膨胀越大。凝胶的型号就是根据吸水量而来，如 G-25 的吸水量（1g 干胶所吸收水分）为 2.5mL，型号数字相当于吸水量乘以 10。

如果凝胶用于脱盐，即从高分子量的溶质中除去低分子量的无机盐，则可选择型号较小的 G-10、G-15 和 G-25。如果凝胶用于色谱技术，则可根据教材后附表 6 所列的分离范围进行选择。市售凝胶的粒度分粗（相当于 50 目）、中（相当于 100 目）、细（相当于 200 目）、极细（相当于 300 目）四种。一般粗、中凝胶用于生产上的色谱技术，细者用于提纯和科研；极细者由于装柱后容易堵塞，影响流速，不用于一般凝胶分离，但可用于薄层色谱技术和电泳。

葡聚糖凝胶的化学性质比较稳定，不溶于水、弱酸、碱和盐溶液。本身具有很弱的酸性。低温时，在 0.1mol/L 盐酸溶液中保持 1～2h 不改变性质；室温时，在 0.01mol/L 盐酸中放置半年也不改变；在 0.25mol/L 氢氧化钠中，60℃两个月不发生变化；在 120℃加热 30min 灭菌而不被破坏，但高于 120℃即变黄。若长时间不用，须加防腐剂。教材后附表 6 列举了常见葡聚糖凝胶的性质和分离范围。

2．琼脂糖凝胶

琼脂糖凝胶来源于一种海藻多糖琼脂，是一种天然凝胶，不是共价交联，所以氢键交联的键能比较弱。它与葡聚糖不同，孔隙度是以改变琼脂糖浓度而达到的。琼脂糖凝胶的化学稳定性不如葡聚糖凝胶。琼脂糖凝胶没有干胶，必须在溶胀状态保存，除丙酮和乙醇外，琼脂糖凝胶遇脱水剂、冷冻剂和一些有机溶剂即被破坏。用琼脂糖凝胶进行分离操作的适宜工作条件是 pH 4.5～9、温度 0～

40℃。琼脂糖凝胶对硼酸盐有吸附作用，不能用硼酸缓冲液。

琼脂糖凝胶颗粒的强度很低，操作时必须十分小心。另外，由于琼脂糖颗粒弹性小，柱高引起的压力能导致变形，造成流速降低甚至堵塞，所以装柱时应设法对柱压进行调整。琼脂糖凝胶没有带电基团，所以对蛋白类物质的非特异性吸附力明显小于葡聚糖凝胶。在介质离子强度>0.1mol/L 时已不存在明显吸附。

琼脂糖凝胶的特征是能分离几万至几千万高分子量的物质，分离范围随着凝胶浓度上升而下降，颗粒强度却随浓度上升而提高，特别适用于核酸类、多糖类和蛋白类物质的分离，弥补了聚丙烯酰胺凝胶和葡聚糖凝胶的不足，扩大了应用范围。

琼脂糖凝胶的商品名因不同的厂家而不同。瑞典产品名为 Sepharose，美国称生物胶 A（Bio-Gel A），英国称 Sagavac 等。教材后附表 7 列举了常见琼脂糖凝胶的性质和分离范围。

3. 聚丙烯酰胺凝胶

聚丙烯酰胺凝胶商品名为生物凝胶 P，是人工合成的，在溶剂中能自动吸水溶胀成凝胶。一般性质及应用与葡聚糖凝胶相仿，对芳香族、杂环化合物有不同程度的吸附作用。据报道，其稳定性比葡聚糖凝胶好。洗脱时不会有凝胶物质被洗脱下来，在 pH 2～11 范围稳定。由于聚丙烯酰胺凝胶是由碳-碳骨架组成，完全是惰性的，适宜作为凝胶色谱的载体。缺点是不耐酸，遇酸时酰胺键会水解成羧基，使凝胶带有一定的离子交换基团。

商品生物凝胶的编号大体上能反映出它的分离界限，如 Bio-Gel P-100，将编号乘以 100 为 10000，正是它的排阻限。教材后附表 8 列举了各种型号的聚丙烯酰胺凝胶的有关性质。

4. 疏水性凝胶

常用的疏水性凝胶为聚甲基丙烯酸酯（polymethacrylate）凝胶或以二乙烯苯为交联剂的聚苯乙烯凝胶（如 Styrogel Bio-Beads-S）。“Styrogel”商品有 11 种型号，分离范围为分子量 1.6×10^3～4×10^7 的物质，混悬于二乙苯中供应。“Bio-Beads-S”有 3 种型号，分离范围为分子量小于 2700 的物质，以干凝胶供应。这类凝胶专用于水不溶性有机物质的分离，以有机溶剂浸泡和洗脱。据报道，当改换溶剂时凝胶体积并不发生变化。

5. 多孔玻璃珠

多孔玻璃珠的化学与物理稳定性好，机械强度高，不但抵御酶及微生物的作用，还能够耐受高温灭菌和较强烈的反应条件。缺点是亲水性不强，对蛋白质尤其是碱性蛋白质有非特异性吸附，而且可供连接的化学活性基团也少。为了克服这些缺点，作载体的市售 BioGlass 的商品都已事先连接了氨烷基。用葡聚糖包被的玻璃珠则可改善其亲水性，并增加了化学活性基团。用抗原涂布的玻璃珠已成功地分离了免疫淋巴细胞，在 DNA 连接的玻璃珠上纯化了大肠埃希菌的 DNA 和 RNA 聚合酶。

6. 其他载体

由聚丙烯酰胺和琼脂糖混合组成的载体已投入应用。它的特点是载体既有羟基又有酰胺基，并且都能单独与配基使用。但这类载体不能接触强碱，以避免酰胺水解，使用温度不能超过 40℃。例如，一种称为“磁性胶”的载体是在丙烯酰胺与琼脂糖的混合胶中加入 7%的四氧化三铁。因此，当悬浮液中含有不均匀的粒子时，依靠磁性能将载体与其他粒子分离。磁性胶载体常用于酶的免疫测定、荧光免疫测定、放射免疫测定、免疫吸附剂和细胞分离等的微量测定和制备。

四、 凝胶过滤介质的选择

选择合适的凝胶过滤介质应从分离范围、分辨率和稳定性三个方面进行考虑。

1. 分离范围

如果需要将一个复杂原料中所有分子量较大（如大于 5000）的物质与 5000 以下的物质分开，可以装填排阻极限小的介质，如 Sephadex G-25 或 Sephadex G-50 等凝胶。该工艺也称为“脱盐”或“成组分离”。如果需要分离分子量相差不大的分子，可根据教材后附表6～附表 8 所列各种凝胶的分离范围加以选择。

2. 分辨率

介质粒径较小的凝胶通常可以提供比较高的分辨率，因为分子弥散作用较弱，因而色谱的谱带宽作用也小。然而，小颗粒会带来高阻抗，因此在使用刚性较差的介质时必须使用较低的流速，这与大规模制备色谱所要求的高效性相悖。所以，工业应用的凝胶过滤色谱必须使用刚性较好、粒径较大的介质。

3. 稳定性

由于原料种类千变万化，其 pH、温度以及有无有机溶剂等因素是否会影响介质的分离特性等问题都需要事先以小量试验摸索清楚。

五、 影响凝胶色谱分离的因素

1. 凝胶的选择

各种凝胶在结构上是很相似的，都是三维空间网状交织的高分子聚合物。分离程度主要取决于凝胶颗粒内部微孔的孔径和混合物的分子量这两个因素。微孔孔径的大小与凝胶物质中凝胶浓度的平方根呈反比，与凝胶聚合物分子的平均直径呈正比（其聚合物分子近似地当作球形）。和凝胶孔径直接关联的是凝胶的交联度，交联度越高，孔径越小；反之，孔径就大。移动缓慢的小分子物质，在低交联度的凝胶上不容易分离，大分子同小分子物质的分离也宜用高交联度的凝胶。葡聚糖凝胶的交联度随每克干燥凝胶的吸水量的增加而递减。

2. 洗脱液流速

根据具体实验情况决定洗脱液的流速，一般采用 30～200mL/h。流速过快会使色谱带变形，影响分离效果。流速的调节可采用静液压法装置。

3. 洗脱液的离子强度和 pH

非水溶性物质的洗脱，采用有机溶剂；水溶性物质的洗脱，一般采用水或具有不同离子强度和 pH 的缓冲液。离子强度的变化，对于物质的分离有不同的影响。在洗脱碱性蛋白时，洗脱剂中必须含有一定浓度的无机盐，而且随着盐浓度的增加，移动加快。p*I* 低于 7 的蛋白质的洗脱，很少受离子强度变化的影响。在酸性 pH 时，碱性物质易于洗脱。多糖类物质洗脱以水最佳。

4. 上样量

凝胶色谱很少用在分离纯化的开始阶段。为了达到良好的分离效果，柱子的上样量必须保持较小的体积。对于蛋白质来说，上样量通常为柱体积的 2%～5%。样品中含有杂质太多时就有可能堵塞柱子。凝胶色谱通常用在分离纯化的最后阶段，此时的目的产物已经比较纯，浓度较高。样品加到色谱柱后，选用合适的洗脱液进行洗脱，通常目的产物被稀释许多倍。

5. 柱的选用

凝胶色谱技术一般要求有较长的柱子。例如，用凝胶色谱分离蛋白质，柱子的长度通常为内径的 25～40 倍。工业规模的凝胶过滤色谱还可用叠积柱系统，这种系统把凝胶介质分别装入同样大小的、短粗的色谱柱，然后再将这些柱子垂直地连成一套，柱子之间的连接距离控制到最小。这个系统的分离效果与只使用一根柱子一样，但凝胶所承受的压力要低得多。此外，如果这个系统中的一根柱子发生堵塞（通常是最上面的一根），可以很方便地拆下来更换另一根新柱子。

六、凝胶色谱分离操作

1. 凝胶的预处理

市售凝胶必须经过充分溶胀后才能使用，如果溶胀不充分，则装柱后凝胶继续溶胀，会造成填充层不均匀，影响分离效果。在烧杯中将干燥凝胶加水或缓冲液，搅拌，静置，倾去上层混悬液，除去过细的粒子。如此反复多次，直至上层澄清为止。G-75 以下的凝胶只需要泡 1 天，但 G-100 以上的型号，至少需要泡 3d，加热能缩短浸泡时间。

2. 色谱柱的选择

凝胶色谱用的色谱柱，其体积和高径比与色谱分离效果的关系相当密切。色谱柱的长度与直径的比，一般称为柱比。色谱柱的有效体积（凝胶柱床的体积）与柱比的选择必须根据样品的数量、性质以及分离目的加以确定。

对于分子量差别大的混合物的分离，柱床体积为样品溶液体积的 5 倍或略多一些就够了，柱比为（5∶1）～（10∶1）即可。这样流速快，节省时间，样品稀释程度也小。对于分级分离，则要求柱床体积大于样品 25 倍以上，甚至多达 100 倍。柱比也在 25～100 之间。

用大柱、长柱的分离效率比小柱、短柱高，可以使分子量相差不大的组分得以分离。但这样的色谱柱阻力大、流速慢、费时长，样品稀释也相当严重，有时达 10 倍以上。此外，色谱柱下端缩口底部的支持物要满足不容易阻塞和死体积小两个条件。一般在柱的下端缩口底部放一团玻璃棉，或者放一块垂熔玻璃板。在玻璃板下端铺一层滤纸以防阻塞。在玻璃板下填充小玻璃球，以克服死体积过大，洗脱组分在死体积内混合或稀释，影响分离效果。必要时，色谱柱可以外加套管，通入适当温度的液体，进行循环，以保持适当的温度。

3. 凝胶柱的装填

凝胶色谱与其他许多色谱方法不同，溶质分子与固定相之间没有力的作用，样品组分的分离完全依赖于它们各自的流速差异。因此，所有影响样品在色谱系统中正常流动的因素都是有害的。正确地装柱是清除以上不良影响的关键和前提。

根据样品状况和分离要求选择色谱柱后，开始装柱时，为了避免胶粒直接冲击支持物，空柱中应留有 1/5 的水或溶剂。所用凝胶必须是经过充分溶胀的。为了防止出现气泡，胶液温度必须与室温平衡，并用水泵减压排气。开始进胶后，应当打开柱端阀门并保持一定流速，太小的流速往往造成凝胶板结，对分离不利。进胶过程必须连续、均匀，不要中断，并在不断搅拌下使凝胶均匀沉降，使不发生凝胶分层和胶面倾斜。为此，色谱柱要始终保持垂直。凝胶悬液浓度也须控制，过稀和过浓都会产生不利影响。过浓会难以均匀装柱，以致出现柱床分层。装柱后用展开剂充分洗涤，使溶剂和凝胶达到平衡。也可以将凝胶直接浸泡于展开剂中，这样可以使操作简化。

4. 样品处理和加样

由于凝胶色谱的稀释作用，似乎样品浓度应尽可能大才好，但样品浓度过大往往导致黏度增大，而使色谱分辨率下降。一般要求样品黏度小于 0.01Pa·s，这样才不至于对分离造成明显的不良影响。对蛋白质类，样品浓度以不大于 4%为宜。如果样品混浊，应先过滤或离心，除去颗粒后上柱。

样品的上柱是凝胶色谱中的关键操作。理想的样品色带应是狭窄且平直的矩形色谱带。为了做到这一点，应尽量减少加样时样品的稀释及样品的非平流流经凝胶色谱床体；反之，会造成色谱带扩散、紊乱，严重影响分离效果。

加样时，尽量减少样品的稀释及凝胶床面的搅动。通常有以下两种加样方法。

(1) 直接将样品加到色谱床表面　首先，操作要熟练而仔细，绝对避免搅混床表面。将已平衡的色谱床表面的多余的洗脱液用吸管或针筒吸掉，但不能完全吸干，吸至色谱床表面 2cm 处为止。在平衡床表面常常会出现凹陷现象，因此必须检查床表面是否均匀，如果不符合要求，可用细玻璃棒轻轻搅动表面让凝胶自然沉降，使表面均匀。

加样时不能用一般滴管，最好用带有一根适当粗细塑料管的针筒，或用下口较大的滴管，以免滴管头所产生的压力搅混表面。一切准备就绪后，将出口打开，使床表面的洗脱液流至表面仅剩 1～2mm。关闭出口，将装有样品的滴管放于床表面 1cm 左右，再打开出口，使样品渗入凝胶内。样品加完后，用小体积的洗脱液清洗表面 1～2 次，尽可能少稀释样品。当样品接近流干时，像加样品那样仔细地加入洗脱液，待洗脱液渗入床表面以内时，即可接上恒压洗脱瓶开始色谱分离。

(2) 利用两种液体相对密度不同而分层　将相对密度高的样品加入床表面相对密度低的洗脱液中，样品就慢慢、均匀地下沉于床表面，再打开出口，使样品渗入色谱床。如果样品相对密度不够大，由于糖不干扰色谱效果，可在样品中加入 1% 的葡萄糖或蔗糖。当洗脱液流至床表面 1cm 左右时，关闭出口，然后将装有样品的滴管头插入洗脱液表层以下 2～3cm 处，慢慢滴入样品，使样品和洗脱液分层，然后上层再加适量洗脱液，并接上恒压洗脱瓶，开始色谱分离。吸管的插入或取出都有可能带入气泡，因此在加样品时必须十分注意，尤其是取出滴管时，更应特别注意，洗脱液有可能倒吸而使样品稀释。

5. 洗脱

为了防止柱床体积变化，造成流速降低及重复性下降，整个洗脱过程中应始终保持一定的操作压，且不超限是很必要的。流速不宜过快，要稳定。洗脱液的成分也不应改变，以防凝胶颗粒的胀缩引起柱床体积变化或流速改变。

在许多情况下可用水作洗脱剂，但为了防止非特异性吸附，避免一些蛋白质在纯水中难以溶解以及蛋白质稳定性等问题的发生，常采用缓冲盐溶液进行洗脱。对一些吸附较强的物质也可采用水和有机溶剂的混合物进行洗脱。

对洗脱下来的组分可先用部分收集器分步收集，然后分别进行定性、定量分析，确定目标产物的收集方式和方法；也可用在线检测设备（如紫外检测仪）边检测边收集。

6. 凝胶的保存

凝胶过滤时，凝胶本身并无变化，所以无再生的必要，可反复使用。但使用次数增加时，由于混入杂质，过滤速度会减慢，此时可将柱反冲，以除去杂质。

凝胶可以多次重复使用，但如果不加以妥善保存，势必造成浪费和相当的经济损失。保存的方法有干法、湿法和半缩法三种。

（1）干法　一般是用浓度逐渐升高的乙醇（如20%、40%、60%、80%等）分步处理洗净的凝胶，使其脱水收缩，再抽滤除去乙醇，用60～80℃暖风吹干。这样得到的凝胶颗粒可以在室温下保存，但处理不好时凝胶孔径可能略有改变。

（2）湿法　用过的凝胶洗净后，悬浮于蒸馏水或缓冲液中，加入一定量的防腐剂再置于普通冰箱中做短期保存（6个月以内）。常用的防腐剂有0.02%的叠氮化钠、0.02%的三氯叔丁醇、氯己定、邻乙汞硫基苯甲酸钠（硫柳汞）、乙酸苯汞等。

（3）半缩法　是以上两法的过渡法，即用60%～70%的乙醇使凝胶部分脱水收缩，然后封口，放入冰箱中以4℃保存。

七、凝胶色谱技术的应用

凝胶色谱法主要用于分离、分析分子量较高（>2000）的化合物，如脱盐、分级分离和分子量的确定等。

1. 脱盐和浓缩

脱盐用的凝胶多为大粒度、高交联度的凝胶。由于交联度大，凝胶颗粒的强度较好，加之凝胶粒度大，柱色谱分离比较方便，流速也高。需要注意的是，有些蛋白质脱盐后溶解度会下降，造成被凝胶颗粒吸附甚至以“沉淀”的形式析出，这种情况下必须改为稀盐溶液洗脱。所用溶液多为容易挥发的盐缓冲溶液，洗脱完成后易于真空干燥除去。用柱色谱脱盐时，要求样品的体积必须小于凝胶柱内的水体积。在实际操作中，由于扩散作用的存在，样品体积最好小于柱内水体积的1/3，以便得到理想的脱盐效果。

2. 分子量的测定

用凝胶过滤法测定生物大分子的分子量，操作简便、仪器简单、消耗样品量也少，而且可以回收。测定的依据是，不同分子量的物质只要在凝胶的分离范围内，便可粗略地测定分子量的范围。此法常用于多肽、蛋白质（包括酶和蛋白类激素）、非蛋白类激素、多糖、多核苷酸等大分子物质的分子量测定。

3. 在生化制药中的应用

（1）去热原　热原是指某些能够致热的微生物菌体及其代谢产物，主要是细菌的一种内毒素。注射液中如含热原，可危及患者的生命安全，因此，除去热原是注射药物生产的一个重要环节。

去热原往往是生物药品生产过程中的一个难题，应用较多的是吸附法。但由于吸附的专一性不强，一般都造成损失或别的不利因素。用凝胶过滤法有时比较便利。例如，用Sephadex G-25凝胶柱色谱去除氨基酸中的热原性物质效果较好。另外，用 DEAE-Sephadex A-25 除热原的效果也较好。800g 凝胶可制备 5～8t 无热原去离子水。

（2）分离纯化

① 分离分子量差别大的混合组分。当待分离组分分子量差别很大时，如分离分子量大于 1500 的多肽和分子量小于 1500 的多糖，可选用葡聚糖凝胶 G-15。

② 纯化青霉素等生物药物。青霉素的致敏原因，据估计是由于产品中存在一些高分子杂质，如青霉素聚合物，或青霉素降解产物青霉烯酸与蛋白质相结合而形成的青霉噻唑蛋白，这些高分子杂质是具有强烈致敏性的全抗原，可用凝胶色谱法进行分离。

③ 蛋白质降解产物的粗分。一种普通分子量的蛋白质，如果通过一些特异的酶或化学方法进行降解，则会生成相当复杂的肽混合物。

采用凝胶色谱可以对降解产物进行预分级分离。例如，将凝胶与 4 份 0.01mol/L 的氨水溶液在室温下搅拌 30min，沉降，然后倾去细颗粒的上层液。沉降的葡聚糖凝胶再与 3 份 0.01mol/L 的氨水溶液混合并倒入柱中，柱用 5 倍于柱床体积的 0.01mol/L 的氨水溶液洗涤。将 200mg 被分离组分溶于 3～5mL0.01mol/L 的氨水溶液，让样品慢慢吸入凝胶柱中，用 0.01mol/L 的氨水溶液洗脱，流速 250～300mL/h，收集各管在紫外 280nm 处有吸收的洗脱液，合并，冷冻干燥。

④ 其他生物药物的纯化。凝胶色谱还可用于许多其他的生物药物的纯化。例如，用 Sephadex G-50 可以纯化牛胰岛素及猪胰岛素，用它除去结晶胰岛素中前胰岛素和其他大分子抗原物质，这样大大改善了注射用胰岛素的品质。

【实训任务 1】

凝胶色谱法分离血红蛋白

一、所属项目与任务编号

1. 所属项目：血液蛋白的分离与精制
2. 任务编号：0403

二、实训目的

1. 理解凝胶色谱法的原理。
2. 熟练掌握凝胶色谱法的基本操作。
3. 能用凝胶色谱法纯化血红蛋白。

三、 实训原理

动物血液中最多的细胞为红细胞，红细胞中血红蛋白占90%左右，因此从新鲜动物血液中可获得血红蛋白。

用蒸馏水稀释血细胞，搅拌促使红细胞破裂释放血红蛋白，用甲苯抽提，离心去除脂溶性物质和细胞碎片，然后用凝胶色谱分离出血红蛋白。

四、 材料与试剂

1. 材料：实训任务0301和0302中离心血液获得的血细胞；葡聚糖G-50凝胶。

2. 试剂：氯化钠、甲苯、磷酸二氢钠、磷酸氢二钠、蒸馏水。

五、 仪器与器具

电子天平、蠕动泵、紫外检测仪、部分收集器、色谱柱、铁架台、烧杯、滴管、量筒、玻璃棒等。

六、 操作步骤

1. 细胞洗涤：向实训任务0301和0302中离心血液获得的血细胞中加入等体积的0.9%氯化钠溶液，悬浮血细胞，4℃下3000r/min离心5min，弃上清。重复洗涤血细胞三次后取沉淀。

2. 破碎细胞：沉淀中加入等体积的蒸馏水，再加40%体积的甲苯，磁力搅拌10min。

3. 离心分离：4℃下2000r/min离心10min，溶液分四层，吸取第三层血红蛋白溶液。第一层为甲苯，第二层为溶于甲苯的脂溶性物质，第四层为细胞碎片。

4. 透析浓缩：将血红蛋白溶液装入透析袋中，用300倍体积的pH 7.0 20mmol/L的磷酸盐缓冲溶液透析过夜。

5. 凝胶制备：称取交联葡聚糖G-50约4g，置于烧杯中，加蒸馏水适量平衡几次，倾去上浮的细小颗粒，于沸水浴中煮沸1h（此为加热法溶胀，如在室温溶胀，需放置3h），取出，倾去上层液中细颗粒，待冷却至室温后再行装柱。

6. 装柱：洗净的色谱柱保持垂直位置，关闭出口，柱内留下约2.0mL pH 7.0

20mmol/L 的磷酸盐缓冲溶液。一次性将凝胶从塑料接口加入色谱柱内，打开柱底部出口，接通蠕动泵，调节流速 0.3mL/min。凝胶随柱内溶液慢慢流下而均匀沉降到色谱柱底部，最后使凝胶床沉降达 20cm 高。操作过程中注意不能让凝胶床表面露出液面，以防色谱床内出现“纹路”。在凝胶表面可盖一圆形滤纸，以免加入液体时冲起凝胶。

7. 平衡：用 2～3 倍柱床体积的 pH 7.0 20mmol/L 磷酸盐缓冲溶液以流速 0.3mL/min 平衡凝胶柱。

8. 加样：用滴管吸去凝胶床面上的溶液，使洗脱液恰好流到床表面，关闭出口，小心把样品（约 0.5mL）沿壁加于柱内成一薄层。切勿搅动床表面，打开出口使样品溶液渗入凝胶内并开始收集流出液，计量体积。

9. 洗脱与收集：样品流完后，分三次加入少量洗脱液（pH 7.0 20mmol/L 的磷酸盐缓冲溶液）洗下柱壁上样品，最后接通蠕动泵，调节流速为 0.3mL/min，用 pH 7.0 20mmol/L 的磷酸盐缓冲溶液洗脱，用部分收集器收集，每管 1mL。仔细观察样品在色谱柱内的分离现象。用肉眼观察并以“－”、“＋”、“＋＋”、“＋＋＋”等符号记录洗脱液的颜色及深浅程度。

10. 绘制洗脱曲线：以洗脱体积为横坐标，洗脱液的颜色度（“－”、“＋”、“＋＋”、“＋＋＋”等）为纵坐标（相对指示出洗脱液内物质浓度的变化），在坐标纸上做图，即得洗脱曲线。

11. 检测与计算：时间和条件许可下，可用聚丙烯酰胺电泳分析血红蛋白纯度，用紫外分光光度法测定血红蛋白浓度。计算得率。

12. 血红蛋白溶液可经超滤浓缩后，冷冻干燥保存。

【实训任务 2】

凝胶色谱法纯化 α-干扰素

一、 所属项目与任务编号

1. 所属项目：基因工程 α-干扰素的制备
2. 任务编号：0204

二、 实训目的

1. 理解凝胶色谱法的原理。
2. 熟练掌握凝胶色谱法的基本操作。
3. 能用凝胶色谱法纯化 α-干扰素。

三、实训原理

用 Sephadex G-100 凝胶色谱柱能进一步纯化 α-干扰素，获得高纯度的产品。

四、材料与试剂

1. 材料：实训任务 0403 制得的含 α-干扰素的洗脱液。

2. 试剂：Sephadex G-100 凝胶、聚乙二醇 20000、磷酸二氢钠、磷酸氢二钠、蒸馏水。

五、仪器与器具

电子天平、蠕动泵、紫外检测仪、部分收集器、色谱柱、铁架台、烧杯、滴管、量筒、玻璃棒等。

六、操作步骤

1. 浓缩：将要浓缩的含 α-干扰素的洗脱液放入透析袋，结扎，用 30%～40% 的聚乙二醇 20000 水溶液进行透析浓缩，洗脱液浓缩至原体积的 1/4 即可。聚乙二醇 20000 用过后，可放入温箱中烘干或自然干燥，以后仍可再用。

2. 凝胶制备：称取适量 Sephadex G-100 凝胶，置于烧杯中，加蒸馏水适量平衡几次，倾去上浮的细小颗粒，于沸水浴中煮沸 1h（此为加热法溶胀，如在室温溶胀，需放置 3h），取出，倾去上层液中细颗粒，待冷却至室温后再行装柱。

3. 装柱：洗净的色谱柱保持垂直位置，关闭出口，柱内留下约 2.0mL pH 7.5 20mmol/L 的磷酸盐缓冲溶液。一次性将凝胶从塑料接口加入色谱柱内，打开柱底部出口，接通蠕动泵，调节流速 0.5mL/min。凝胶随柱内溶液慢慢流下而均匀沉降到色谱柱底部，最后使凝胶床沉降达 20cm 高，操作过程中注意不能让凝胶床表面露出液面，以防色谱床内出现“纹路”。在凝胶表面可盖一圆形滤纸，以免加入液体时冲起凝胶。

4. 平衡：用 2～3 倍柱床体积的 pH 7.5 20mmol/L 磷酸盐缓冲溶液以流速 0.5mL/min 平衡凝胶柱。

5. 加样：用滴管吸去凝胶床面上的溶液，使洗脱液恰好流到床表面，关闭出口，小心把步骤 1 制得的浓缩液（约 0.5mL）沿壁加于柱内成一薄层。切勿搅动床表面，打开出口使样品溶液渗入凝胶内并开始收集流出液，计量体积。

6. 洗脱与收集：样品流完后，分三次加入少量洗脱液（pH 7.5 20mmol/L 的磷酸盐缓冲溶液）洗下柱壁上样品，最后接通蠕动泵，调节流速为0.5mL/min，用pH 7.5 20mmol/L的磷酸盐缓冲溶液洗脱，用部分收集器收集，每管1mL。仔细记录随时间变化的紫外检测仪显示的吸光度值。

7. 绘制洗脱曲线：以洗脱时间为横坐标，洗脱液的吸光度值为纵坐标（相对指示出洗脱液内物质浓度的变化），在坐标纸上做图，即得洗脱曲线。

8. 根据洗脱曲线，收集含干扰素的洗脱液，冰箱保存，待用。

9. 检测与计算：时间和条件许可下，可用聚丙烯酰胺电泳分析干扰素纯度，用紫外分光光度法测定干扰素浓度。计算得率。

【拓展知识】

亲和色谱分离技术

1. 亲和色谱分离技术

亲和色谱分离技术（affinity chromatography，AFC）是专门用于纯化生物大分子的色谱分离技术，它是基于固定相的配基与生物分子间的特殊生物亲和能力来进行相互分离的。早在1910年，研究者就发现了不溶性淀粉可以选择性吸附α-淀粉酶。到20世纪60年代，亲和色谱的优点得到了充分的认识。1968年，“亲和色谱”这一名称被首次使用，并在酶的纯化中使用了特异性配体。

亲和色谱广泛用于酶、抗体、核酸、激素等生物大分子，以及细胞、细胞器、病毒等物质的分离与纯化。特别是对分离含量极少而又不稳定的活性物质最有效，经一步亲和色谱即可提纯几百至几千倍。例如，从肝细胞抽提液中分离胰岛素受体时，以胰岛素为配基，偶联于琼脂载体上，采用亲和色谱可提纯8000倍。亲和色谱经过几十年的发展，随着新型介质的应用和各种配体的出现，其应用日益广泛。

2. 亲和色谱原理

亲和色谱的吸附作用主要是靠生物分子对它的互补结合体（配基）的生物识别能力，如酶与底物、抗原与抗体、激素与受体、核酸中的互补链、多糖与蛋白复合体等。亲和色谱是应用生物高分子物质能与相应专一配基分子可逆结合的原理，将配基通过共价键牢固地结合于固相载体上，制得亲和吸附系统。生物分子上具有特定构象的结构域与配体的相应区域结合，具有高度的特异性和亲和性。其结合方式为立体构象结合，具有空间位阻效应。结合的作用力包括静电作用、疏水作用、范德瓦耳斯力以及氢键等。

例如，酶和底物的专一结合，被假设为是一种“多点结合”，底物分子中至少有3个官能团应与酶分子的各个对应官能团结合，而且这种结合必须持有特定的空间构型。也就是说，底物分子中的一些官能团必须同时保持着与酶分子中相应官能团起反应的构型。如果某个有关基团的位置发生改变，就不可能再有结合反应出现。

将具有特异亲和力的一对分子的任何一方作为配基，在不伤害其生物功能的情况下，与不溶性载体结合，使之固定化，装入色谱柱中（见图 5-7 中“⟡”），然后将含有目的物质的混合液作为流动相，在有利于固定相配基与目的物质形成配合物的条件下进入色谱柱。这时，混合液中只有能与配基发生配位反应形成配合物的目的物质（见图 5-7 中的“•”）被吸附（见图 5-7 中“⟡”），不能发生配位反应的杂质分子（见图 5-7 中的“△”）直接流出。经清洗后，选择适当的洗脱液或改变洗脱条件进行洗脱[见图 5-7(c)]，使被分离物质与固定相配基解离，即可将目的产物分离纯化。图5-7为亲和色谱分离原理示意图。

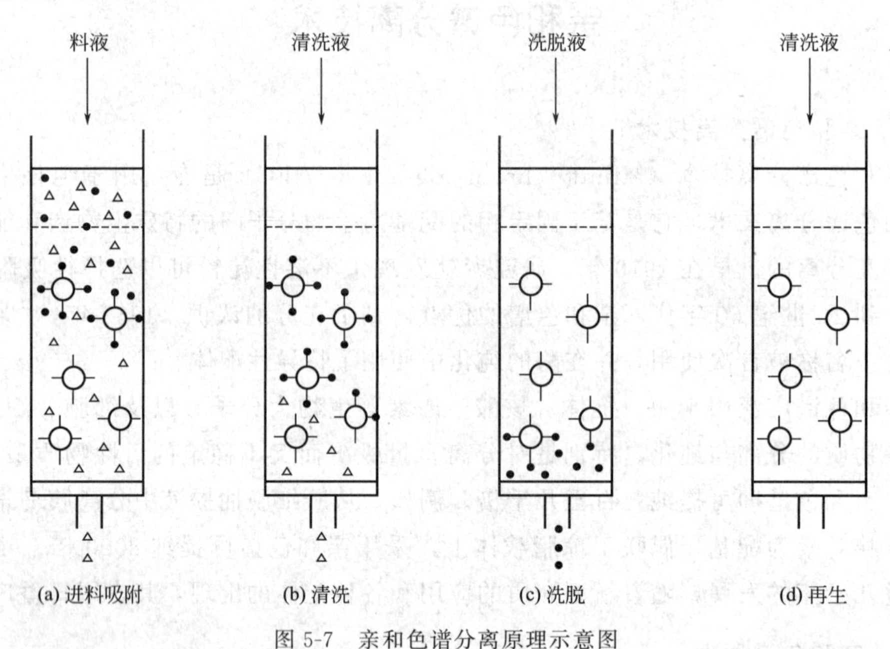

图 5-7　亲和色谱分离原理示意图

3．亲和色谱分离操作过程

亲和色谱分离的基本过程如下：把具有亲和力的一对分子的任何一方作为配基，在不伤害其生物功能的情况下，与不溶性载体结合，使之固化，装入色谱柱，然后把含有目的物质的混合液作为流动相，在有利于固定相配基和目的物形成配合物的条件下进入色谱柱。这时，混合液中只有能与配基发生结合反应形成配合物的目的物质被吸附，不能发生结合反应的杂质分子则直接流出。变换通过色谱柱的溶液组成，促使配基与其亲和物解离，即可获得纯化的目的产物。

4．亲和色谱分离技术的应用

亲和色谱分离技术由于其具有简便、快速、专一和高效等特点，已普及到生命科学的各个领域，在生物制品分离和分析领域有广泛的应用开发前景。亲和色谱主要用来纯化生物大分子，适用于从组织或发酵液中，分离杂质与纯化目的物间溶解度、分子大小、电荷分布等物化性质差异较小，而相对含量低、其他经典手段分离有困难的高分子物质。尤其是对分离某些不稳定的高分子物质更具优越性。

(1) 分离和纯化各种生物分子　亲和色谱可以用来分离与纯化干扰素、酶、rRNA、抗原、抗体、绒毛生长激素等各种生物分子。例如，用亲和色谱纯化干扰素，可以一步把人体纤维母细胞干扰素纯化数千倍，分离效果显著。

(2) 分离纯化各种功能细胞、细胞器、膜片段和病毒颗粒　亲和色谱为分离和纯化不同功能的细胞提供了可能性。由于组织中各类细胞的物理特性彼此重叠，用亲和色谱分离纯化细胞不能用常规方法实现。

(3) 用于各种生物物质的分析检测　亲和色谱技术在生物物质的分析检测上也已广泛应用。例如，利用亲和色谱可以检测羊抗 DNP（二硝基苯）抗体。

【复习思考】

1. 简述凝胶色谱技术及其分类、特点。
2. 简述凝胶色谱分离的基本原理。
3. 如何选择合适的凝胶过滤介质？
4. 影响凝胶色谱分离的因素有哪些？
5. 简述凝胶色谱分离的操作过程。

模块六

产品精制

超滤浓缩

【学习目标】

1. 掌握超滤技术的原理。
2. 掌握超滤膜的分类、特性及其选择方法。
3. 了解超滤的特点和影响因素。

【基础知识】

一、 超滤技术

超滤技术（ultra filtration，UF）是一种膜滤法，也有“错流过滤”（cross filtration）之称。通常是指液体内的溶质在常温下以一定压力和流量通过滤膜时，利用不对称微孔结构和半透膜介质，依靠膜两侧的压力差作为推动力，以错流方式进行过滤，使溶剂及小分子物质通过，大分子物质和微粒子（如蛋白质、水溶性高聚物、细菌等）被滤膜阻留，从而达到分离、分级、纯化、浓缩目的的一种新型膜分离技术（图 6-1）。它能从周围含有微粒的介质中分离出 1～10nm 的微粒。

二、 超滤膜

1. 滤膜材质

超滤膜的滤膜材料主要有纤维素及其衍生物、聚碳酸酯、聚氯乙烯、聚偏氟乙烯、聚砜、聚丙烯腈、聚酰胺、聚砜酰胺、磺化聚砜、交链的聚乙烯醇、改性丙烯酸聚合物等。

2. 滤膜结构

超滤膜根据结构不同一般分为两种。一种是各向同性膜，常用于超滤技术的微

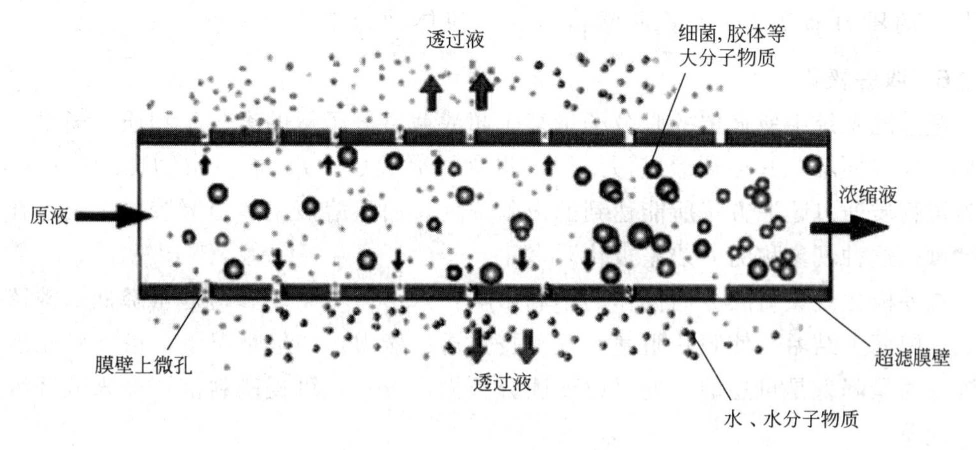

图 6-1　超滤原理示意图

孔薄膜，它具有无数微孔，贯通整个膜层，微孔数量与直径在膜层各处基本相同，正反面都具有相同的效应。另一种是各向异性膜，它是由一层极薄的表面“皮层”和一层较厚的起支撑作用的“海绵层”组成的薄膜，也称为“非对称膜”。前一种滤膜透过滤液的流量小；后者则较大，且不易被堵塞。

3. 超滤膜的类型

根据膜的外形特征，可将超滤膜分为：平板膜、管式超滤膜（内径 10.0nm）、毛细管式超滤膜（内径 0.5～10.0nm）、中空纤维超滤膜（内径＜0.5nm）和多孔超滤膜等。

4. 超滤膜的特性

（1）滤膜的孔径与截留分子量　超滤膜孔径多以截留分子量来标识，表明该滤膜所截留物质分子量的大小。常见的有 1kD、10kD、30kD、100kD、300kD 等数种。超滤膜不能区分并分离大小相似的分子，如水与氯化钠。但对含有大小差异明显分子的溶液，如蛋白质与无机盐等，通过超滤则可将其分离。

（2）膜的不对称结构　为了增加膜的通量，提高过滤速度，减缓极化现象出现，膜的孔径一般制成不对称结构的随机分布型。膜的表面为一层质密而薄的皮层，皮层有孔可发挥超滤作用及决定膜的分离能力。皮层下有一层次结构，较皮层具有更大的孔道，是起支持皮层及其膜孔作用的，通过皮层的分子可以自由通过此结构。

5. 超滤膜的切向流

在常规的过滤方式中，被截留的物质沉积到滤材上。随着过滤的进行，压差逐渐增大，过滤流量逐渐降低，称为“死端过滤”。而超滤过程常采用切向流方式，即超滤过程中溶液在压力驱动下进入系统，但液流不是直接压向膜面，而是切向流过膜面形成膜切流。其作用在于利用切向流清扫膜表面，以减少溶质或胶体粒子在膜表面的截留沉积。流速取决于入口及出口（又称“回流口”）的压力梯度 P_1-P_2，此常被认为是流体动力学压力梯度。

6．浓差极化

超过滤系统中所截留的是分子量高于超滤截留分子量的大分子物质，通常被截留物在膜表面堆积并逐渐形成污染层（也称“凝胶层”），被截留物在凝胶层的浓度为该物质通过超滤方法所能达到的极限浓度，而从溶液主体至凝胶层之间存在浓度梯度，这种现象称为“浓差极化”。

浓差极化现象对膜分离操作的不利影响：渗透压升高，渗透通量降低；截留率降低；膜面上结垢，使膜孔阻塞，逐渐丧失透过能力。一般情况下，浓差极化造成的渗透通量降低是可逆的，通过改变膜分离操作方式，可提高料液流速来减轻浓差极化现象。

三、 超滤的特点和影响因素

1．超滤的特点

超滤技术具有以下优点。

① 膜材料本身无毒性，对超滤溶液及产品无害。

② 除乙酸纤维素外，许多高分子合成膜均有较好的耐酸碱、耐溶剂性能。

③ 设备简单经济，安装操作方便，不易出故障，不需经常维修，可调节处理量，在浓缩、精制及透析中可替代蒸馏、冷冻干燥、连续离心、区带离心等方法，而超滤工艺的可重复性更佳。

④ 一次处理可完成浓缩及精制工作。

⑤ 超滤装置整体为密闭系统，可减少污染机会，清洗、消毒方便，可重复使用。

⑥ 操作过程无相的改变，无需加热及加入化学药品，减少了操作程序，降低了成本，收集最后产品方便，可提高产品的收率。

⑦ 操作中不需要改变溶液的 pH 及离子强度。

⑧ 低压操作，不引起截留物的切变损害，不形成气溶胶，不引起产品变性或失活。

超滤技术在很多工艺流程中可以利用，并能取得可观的效益，但也存在自身固有的局限性。由于滤膜制造技术的限制，膜的分离能力还不够强。针对一种成分较多而分子量又接近的溶液，仅采用超滤技术难以达到分离的目的。在实际工作中，超滤方法总是与其他分离技术手段配套使用，相互弥补各自的不足，达到更好的分离效果。在使用超滤技术分离某种溶液前，须了解其成分、浓度及黏度等，以便选用适当分子量的滤膜和确定适当的工作压力、切向流速等工作条件。

2．影响超滤的几个因素

（1）溶质的分子性质　主要包括分子量大小、形状、带电性等。

（2）溶质的浓度　浓度越高，流速越慢，越不利于超滤，可以先稀释，再超滤。

（3）压力　一般情况下，压力越大，流速越高，压力适当低一些，以防止过早出现浓度极化现象；样液浓度低，压力可适当高一些。

（4）温度　温度升高，可以降低溶液黏度，有利于超滤。但对于生物活性物质来说，温度高易发生变性失活，一般都要求在低温下 4℃超滤，而不能通过升温来提高超滤速度。

【实训任务】

α-干扰素的超滤浓缩

一、所属项目与任务编号

1. 所属项目：基因工程 α-干扰素的制备
2. 任务编号：0205

二、实训目的

1. 理解超滤的基本原理。
2. 会熟练搭建超滤装置。
3. 能熟练进行蛋白质的超滤浓缩。
4. 会正确维护保养超滤膜。

三、实训原理

液体内的溶质在常温下以一定压力和流量通过超滤膜时，由于超滤膜存在不对称微孔结构，且具有半透膜性质，在膜两侧的压力差推动下，以错流方式进行过滤，溶剂及小分子物质可通过超滤膜，大分子物质和微粒子（如蛋白质、水溶性高聚物、细菌等）被滤膜阻留，从而达到分离、分级、纯化、浓缩的目的。

四、材料与试剂

1. 材料：实训任务 0404 制得的洗脱液。
2. 试剂：氢氧化钠、去离子水。

五、 仪器和器具

恒流泵、10kD 超滤膜包、烧杯、三角瓶、连接管线、量筒、pH 试纸。

六、 操作步骤

1. 按照图 6-2 所示，正确连接超滤膜包、恒流泵和管线，接通恒流泵电源。

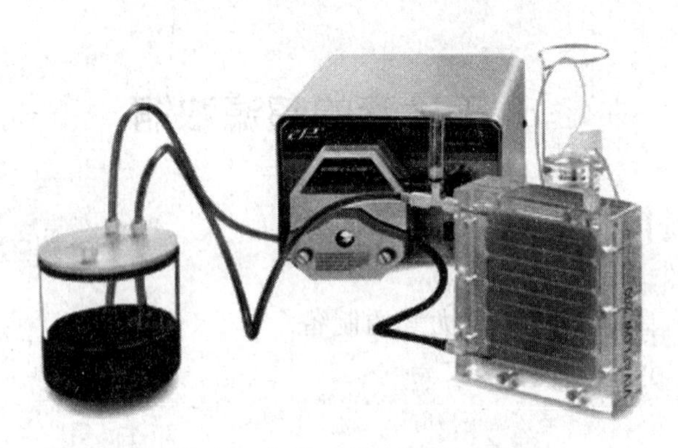

图 6-2 超滤系统连接示意图

2. 配制 0.5mol/L 的 NaOH 溶液 1000mL。

3. 将截留液流出管放入滤液收集容器内，用 1000mL 去离子水冲洗超滤膜，如是新膜，先用 500mL 的 0.5mol/L 的 NaOH 溶液冲洗，再用 1000mL 去离子水冲洗超滤膜，至滤过液和截留液 pH 试纸检测为中性。

4. 取 500mL 料液进行超滤浓缩至 50mL。

注意：截留液流出管放置于料液容器内；超滤中，根据浓缩液浓度适时调节恒流泵流速。

5. 将 50mL 浓缩液用冰箱冷冻保存。

6. 将截留液流出管放入滤液收集容器内，用 500mL 0.5mol/L 的 NaOH 溶液冲洗超滤膜，至滤过液和截留液 pH 试纸检测为碱性，用夹子或封口膜封闭料液进管、料液流出管和截留液流出管。

7. 正确拆卸超滤系统，于通风干燥处保存超滤膜包，清洗器具，清洁实训场所。

特别说明

本教材以“α-干扰素的超滤浓缩”为例，其他溶液的超滤浓缩可参照执行，注意选择截留分子量合适的超滤膜。

【拓展知识】

超滤技术的应用

1. 工业废水处理

超滤技术在工业废水处理方面的应用十分广泛，特别是在汽车和仪表工业的涂漆废水、金属加工业的漂洗水以及食品工业废水中回收蛋白质、淀粉等方面是十分有效的，而且具有很高的经济效益，国外早已大规模用于实际生产中。

2. 食品工业中的应用

新榨取的果汁中往往含有单宁、果胶、苯酚等化合物而呈现混浊，传统方法是采用酶、皂土和明胶使其沉淀，然后取其上清液得到澄清的果汁。目前，采用超滤技术来澄清果汁，只需先部分脱除果胶，可大大减少酶的用量，省去了皂土和明胶，降低了生产成本。浊度由传统方法的1.5～3.0 NTU降低到膜法的0.4～0.6 NTU。同时，还去除了液体所含的菌体，延长了果汁的保质期。

3. 高纯水的制备

许多工业用水都需要高纯水。例如，在集成电路半导体器件的切片、研磨、外延、扩散、蒸发等工艺过程中，必须反复用高纯水清洗。超滤技术可实现无离子、无可溶性有机物、无菌体和无大于0.5μm粒子的高纯水。

4. 生物制药

超滤技术在生物制药生产中有广泛的用途，有的通过实际使用已取得很好的效果，有的尚待开发利用。人血浆经低温乙醇法分离后，利用超滤技术可进一步浓缩、精制及去除乙醇；血浆经沉淀后含抗血友病因子，用30000分子量超滤膜浓缩、提纯，步骤简单效果良好；以硫酸铵为沉淀剂的生产工艺，用超滤法去除硫酸铵可代替末次沉淀及包袋流水透析，节省大量原材料及工时，并可避免水中杂质及细菌的污染；超滤技术可用来提纯破伤风类毒素、多种病毒及病毒蛋白；生物制药中超滤膜浓缩发酵培养后微生物代谢产物，较用连续离心法回收率高；超滤可以去除发酵培养产品中的热原和大分子水解产物，有利于制品质量的提高。

研究人员利用超滤的透析功能发展了以中空纤维超滤器进行发酵培养的制造工艺，较通常使用的发酵罐、微载体及摇瓶等方法可提高产量数十倍。由于新鲜营养液不断循环与培养物接触，而培养物的代谢产物又被循环带走，故不仅可提高产量，且产品的纯度也可相应提高。

【复习思考】

1. 超滤是一种怎样的新型膜分离技术？

2. 简述超滤膜的材质、结构、类型和特性。

3. 试解释超滤膜的切向流和浓差极化。

4. 简述超滤技术的特点和影响因素。

5. 试述新鲜超滤膜的处理事项和超滤后超滤膜的处理事项。

单元二

结晶

【学习目标】

1. 掌握结晶的基本过程。
2. 掌握过饱和溶液的制备方法。
3. 掌握影响晶体析出的主要条件。

【基础知识】

一、 结晶及其原理

1．晶体状态

晶体状态，简称“晶态”，就是外观形状一定、内部的分子（或原子、离子）在三维空间进行有规则的排列而产生的物质存在状态。

2．结晶

结晶是使溶质以晶态从溶液中析出的过程。通过结晶，产品从溶解状态变成了固体，有利于运输、保存和使用，因此结晶是产品的一种固化手段。结晶也是一种纯化手段，通过结晶，溶液中的大部分杂质会留在母液中，使产品得到纯化。由于许多生化物质具有形成晶体的性质，所以结晶法是生化物质进行分离纯化常用的一种方法。

3．结晶原理

当溶液处于过饱和状态时，维持水合物的水分子相对减少而且不足，分子间的分散或排斥作用小于分子间的相互吸引作用，溶质分子相互接触机会增加而聚集，便开始形成沉淀或结晶。

当溶液过饱和的速度过快时，溶质分子聚集太快，便会产生无定形的沉淀。如果控制溶液缓慢地达到过饱和点，溶质分子就可能排列到晶格中，形成结晶。所以，在操作上必须注意：要调整溶液，使之缓慢地趋向于过饱和点；调整溶液的性质和环境条件，使尽可能多的溶质分子相互接触，形成结晶。

二、 结晶的过程

结晶包括三个过程：过饱和溶液的形成、晶核的形成、晶核成长。

1. 过饱和溶液的形成

溶液的过饱和是结晶的推动力，只有当溶液浓度超过饱和浓度时，固体的溶解速度小于沉积速度，这时才可能有晶体析出。过饱和溶液的制备一般有如下四种方法。

（1）饱和溶液冷却　直接降低溶液的温度，使之达到过饱和状态，溶质结晶析出，此称为冷却结晶。冷却法适用于溶解度随温度降低而显著减小的场合。与此相反，对溶解度随温度升高而显著减小的场合，则应采用加温结晶。

（2）部分溶剂蒸发　蒸发法是使溶液在加压、常压或减压下加热，蒸发除去部分溶剂，达到过饱和溶液的结晶方法。这种方法主要适用于溶解度随温度的降低而变化不大的场合，或溶解度随温度升高而降低的场合。

（3）化学反应结晶法　此法是通过加入反应剂或调节 pH 生成一种新的溶解度更低的物质，当其浓度超过它的溶解度时，就有结晶析出。

（4）解析法　解析法是向溶液中加入某些物质，使溶质的溶解度降低，形成过饱和溶液而结晶析出。这些物质被称为抗溶剂或沉淀剂，它们可以是固体，也可以是液体或气体。抗溶剂或沉淀剂最大的特点是极易溶解于原溶液的溶剂中。

解析法常用固体氯化钠作为抗溶剂，使溶液中的溶质尽可能地结晶出来，这种结晶方法称为盐析结晶法。解析法还常采用向水溶液中加入一定量的亲水有机溶剂，如甲醇、乙醇、丙酮等，以降低溶质的溶解度，使溶质结晶析出，这种结晶方法称为有机溶剂结晶法。一些易溶于有机溶剂的物质，向其溶液中加入适量水即可析出晶体，这种方法称为水析结晶法。另外，还可以将氨气直接通入无机盐水溶液中降低其溶解度，使无机盐结晶析出。

2. 晶核的形成

晶核是在过饱和溶液中最先析出的微小颗粒，是以后结晶的中心。晶核的大小通常在几个纳米至几十个微米。单位时间内在单位体积溶液中生成的新晶核的数目，称为成核速度。成核速度是决定晶体产品粒度的首要因素。

（1）成核速度的影响因素

① 溶液的过饱和度。在一定的温度下成核速度随过饱和度的增加而加快。但过饱和度太高时，溶液的黏度显著增大，分子运动减慢，成核速度反而减小。由此

可见，要加快成核速度，需要适当增加过饱和度。

② 温度。在饱和度不变的情况下，温度升高，成核速度增加。但是温度对过饱和度也有影响，一般当温度升高时，过饱和度降低。在实际结晶过程中，成核速度开始常随温度而升高，达到最大值后，温度继续升高，成核速度反而降低。

③ 溶质种类。对于无机盐类，一般阳离子或阴离子的化合价越大，越不容易成核；在相同化合价下，含结晶水越多，越不容易成核。对于有机物质，一般结构越复杂，分子量越大，成核速度越慢。

（2）晶核的诱导　自动成核的机会很少，添加晶种能诱导结晶，晶种可以是同种物质或相同晶形的物质，有时惰性的无定形物质也可作为结晶的中心，如尘埃也能导致结晶。添加晶种诱导晶核形成的常用方法有以下几种。

① 如有现成晶体，可取少量研碎后，加入少量溶剂，离心除去大的颗粒，再稀释至一定浓度（稍微过饱和），使悬浮液中具有很多小的晶核，然后倒进待结晶的溶液中，用玻璃棒轻轻搅拌，放置一段时间后即有结晶析出。

② 如果没有现成晶体，可取1～2滴待结晶溶液置表面玻璃皿上，缓慢蒸发除去溶液，可获得少量晶体，或者取少量待结晶溶液置于一试管中，旋转试管使溶液在管壁上形成薄膜，使溶剂蒸发至一定程度后，冷却试管，管壁上即可形成一层结晶。用玻璃棒刮下玻璃皿或试管壁上所得的结晶，蘸取少量接种到待结晶溶液中，轻轻搅拌，并放置一定时间，即有结晶形成。

③ 有些蛋白质和酶结晶时，常要求加入某些金属离子才能形成晶核，如锌胰岛素和镉铁蛋白的结晶。它们结合的金属离子便是形成晶核时必不可少的成分。

④ 实验室结晶操作时，人们喜欢使用玻璃棒轻轻刮擦玻璃容器的内壁，刮擦时产出玻璃微粒可作为异种的晶核。另外，玻璃棒沾有溶液后暴露于空气中，很容易蒸发形成一层薄薄的结晶，再浸入溶液中便成为同种晶核。同时用玻璃棒边刮擦边缓慢地搅动也可以帮助溶质分子在晶核上定向排列，促成晶体的生长。

3．晶体的生长

在过饱和溶液中已有晶核形成或加入晶种后，以过饱和度为推动力，晶核或晶种将长大，这种现象称为晶体生长。晶体生长速度也是影响晶体产品粒度大小的一个重要因素。因为晶核形成后立即开始生长成晶体，同时新的晶核还在继续形成。如果晶核形成速度大大超过晶体生长速度，则过饱和度主要用来生成新的晶核，因而会得到细小的晶体，甚至无定形；反之，如果晶体生长速度超过晶核形成速度，则得到粗大而均匀的晶体。在实际生产中，一般希望得到粗大而均匀的晶体，因为这样的晶体便于以后的过滤、洗涤、干燥等操作，且产品质量也较高。

影响晶体生长速度的因素主要有杂质、过饱和度、温度、搅拌速度等。

（1）杂志　杂质的存在对晶体生长有很大的影响，有的杂质能完全制止晶体的生长，有的则能促进生长，还有的能对同一晶体的不同晶面产生选择性的影响，从而改变晶体外形。

(2) 过饱和度　过饱和度增高一般会使结晶速度增大，但同时黏度增加，结晶速度受阻。

(3) 温度　温度升高有利于扩散，因而结晶速度增快。经验还表明，温度对晶体生长速度的影响要比成核速度显著，所以在低温下结晶得到的晶体较细小。

(4) 搅拌速度　搅拌能促进扩散，加快晶体生长，同时也能加速晶核形成，搅拌越剧烈，晶体越细。一般以实验为基础，确定适宜的搅拌速度，获得需要的晶体。

总之，若要获得比较粗大和均匀的晶体，一般温度不宜太低，搅拌不宜太快，并要控制好，令晶核生成速度远远小于晶体生长速度，从而使原有的晶核不断成长为晶体。此外，加入晶种，能控制晶体的形状、大小和均匀度。

三、 影响结晶的主要因素

影响晶体形成的因素有很多，主要有以下几个。

1. 溶液浓度

结晶要以过饱和度为推动力，所以目的物的浓度是结晶的首要条件。溶液浓度高，结晶收率高，但溶液浓度过高时，结晶物的分子在溶液中聚集析出的速度超过这些分子形成晶核的速度，便得不到晶体，只能获得一些无定形固体微粒。另外，溶液浓度过高，相应的杂质浓度也高，容易生成纯度较差的粉末结晶。因此，溶液的浓度应根据工艺和具体情况实验确定。一般地说，生物大分子的浓度控制在3%～5%比较适宜，小分子物质（如氨基酸）浓度可适当增大。

2. 样品纯度

大多数情况下，结晶是同种分子的有序堆砌，杂质无疑是结晶形成的空间障碍。所以大多数生物分子需要有一定的纯度才能够结晶析出。一般来说，结晶母液中目的物的纯度应达到50%以上，纯度越高越容易结晶。

3. 溶剂

因溶剂对于晶体能否形成和晶体质量的影响十分显著，故选用合适的溶剂是结晶重点考虑的问题。结晶溶剂要具备以下几个条件。

① 溶剂不能和结晶物质发生任何化学反应。

② 溶剂对结晶物质要有较高的温度系数，以便利用温度的变化达到结晶的目的。

③ 溶剂应对杂质有较大的溶解度，或在不同的温度下结晶物质与杂质在溶剂中应有溶解度的差别。

④ 溶剂如果是容易挥发的有机溶剂时，应考虑操作方便、安全。工业生产上还应考虑成本高低、是否容易回收等。

对于大多数生物小分子来说，水、乙醇、甲醇、丙酮、三氯甲烷、乙酸乙酯、异丙醇、丁醇、乙醚等溶剂使用较多。尤其是乙醇，既亲水又亲脂，而且价格便宜、安全无毒，所以应用较多。对于蛋白质、酶和核酸等生物大分子，使用较多的是硫酸铵溶液、氯化钠溶液、磷酸缓冲溶液、Tris 缓冲溶液和丙酮、乙醇等。有时需要考虑使用混合溶剂。操作时先将样品用溶解度较大的溶剂溶解，再缓慢地分次少量加入对样品溶解度小的溶剂，到产生混浊为止，然后放置或冷却即可获得结晶。也可选用在低沸点溶剂中容易溶解、在高沸点溶剂中难溶解的高低沸点两种混合溶剂。结晶液放置一段时间后，由于低沸点溶剂慢慢蒸发而使结晶形成。许多生物小分子结晶使用的混合溶剂有水-乙醇、醇-醚、水-丙酮、石油醚-丙酮等。

4．pH

一般来说，两性生化物质在等电点附近溶解度低，有利于达到过饱和而使晶体析出，所选择 pH 应在生化物质稳定范围内，尽量接近其等电点。

5．温度

对于生物活性物质，一般要求在较低的温度下结晶，因为高温容易使其变性失活。另外，低温可使溶质溶解度降低，有利于溶质的饱和，还可以避免细菌繁殖。所以生化物质的结晶温度一般控制在 0～20℃，对富含有机溶剂的结晶体系则要求更低的温度。但有时温度过低，由于溶液黏度增大会使结晶速度变慢，这时可在析出晶体后，适当升高温度。另外，通过降温促使结晶时，降温快，则结晶颗粒小；降温慢，则结晶颗粒大。

四、 结晶操作

结晶操作结合产品生产规模的要求、产品质量和粒度的要求，一般分为分批结晶操作和连续结晶操作。

当生产规模大至一定水平时，采用连续结晶操作更为合理。连续结晶操作有很多显著的优点，具体如下。

① 冷却法和蒸发法（真空冷却法除外）采用连续结晶操作费用低，经济性好。

② 结晶工艺简化，相对容易保证质量。

③ 生产周期短，节约劳动力费用。

④ 连续结晶设备的生产能力可比分批结晶提高数倍甚至数十倍，相同生产能力则投资少、占地面积小。

⑤ 连续结晶操作参数相对稳定，易于实现自动化控制。

但是连续结晶也有缺点，具体如下。

① 换热面和器壁上容易产生晶垢，并不断积累，使运行后期的操作条件和产品质量逐渐恶化。

② 与分批结晶相比，产品平均粒度较小。

③ 操作控制上比分批操作困难，要求严格。

我国发酵产品的结晶过程目前仍以分批操作为主，分批操作的结晶设备一般比连续结晶设备简单。

【实训任务】

青霉素的结晶

一、 所属项目与任务编号

1. 所属项目：青霉素的提取与精制
2. 任务编号：0104

二、 实训目的

1. 理解结晶技术的原理。
2. 掌握结晶的操作。
3. 能用结晶技术精制青霉素。

三、 实训原理

在青霉素的乙酸丁酯萃取液中加入乙酸钠-乙醇溶液，使青霉素游离酸与高浓度乙酸钠溶液反应生成青霉素钠。由于青霉素钠盐在乙酸丁酯中溶解度很小，当青霉素钠溶解于过量的乙酸钠-乙醇溶液中，呈浓缩液状态存在于结晶液中，当乙酸钠加到一定量时，近饱和状态的乙酸钠又起到盐析作用，使青霉素钠盐结晶析出，此法称为乙酸钠-乙醇溶液饱和盐析结晶。

活性炭能吸附萃取液中的色素和热原物质。

四、 材料与试剂

1. 材料：实训任务 0103 制得的青霉素乙酸丁酯萃取液。
2. 试剂：乙酸钠、活性炭、丁醇、乙酸丁酯、无水乙醇。

五、 仪器和器具

真空干燥箱、真空泵、布氏漏斗、电子天平、烧杯、量筒、玻璃棒、滤纸等。

六、 操作步骤

1. 配制乙酸钠-乙醇溶液。

2. 量取100mL萃取液，加入3g活性炭，搅拌10min，减压过滤，取滤液。

3. 在15℃左右下，向滤液中边搅拌边缓慢加入乙酸钠-乙醇溶液至晶体出现，静置1h，减压过滤，取沉淀，滤液回收。

4. 分别用200mL丁醇和200mL乙酸丁酯淋洗沉淀。

5. 将沉淀真空干燥。

6. 称量沉淀。有条件的可取样按照药典进行效价测定。

【拓展知识】

抗生素与青霉素

1. 抗生素

抗生素，也称“抗菌药”或“抗细菌剂”，是指由细菌、霉菌或其他微生物产生的次级代谢产物或人工合成的类似物，能干扰其他生活细胞发育功能的化学物质。主要用于治疗各种细菌感染或致病微生物感染类疾病，一般情况下对其宿主不会产生严重的副作用。

自1940年青霉素应用于临床以来，现抗生素的种类已达几千种，根据结构不同，一般分为以下几大类。

(1) β-内酰胺类抗生素　结构中具有β-内酰胺环。如青霉素类和头孢菌素类。

(2) 四环类抗生素　都具有四个缩合苯环。如四环素、土霉素、金霉素及多西环素等。

(3) 大环内酯类抗生素　由一个或多个单糖组成并与碳链一起形成一个巨大的芳香内酯化合物。如红霉素、麦迪霉素、螺旋霉素、阿奇霉素等。

(4) 氨基糖苷类抗生素　主要由氨基已糖的衍生物组成。如链霉素、庆大霉素、卡那霉素等。

(5) 多肽类抗生素　主要或全部由氨基酸组成，有多肽或蛋白质的某些特性。如多黏菌素类（多黏菌素B、多黏菌素E)、杆菌肽类（杆菌肽、短杆菌肽）和万古霉素等。

2. 青霉素

1929年英国细菌学家弗莱明在培养皿中培养细菌时，发现从空气中偶然落在培养基上的青霉菌长出的菌落周围没有细菌生长，他认为是青霉菌产生了某种化学物质，分泌到培养基里抑制了细菌的生长。这种化学物质便是最先发现的抗生素——青霉素。

青霉素本身是一种游离酸，是黄青霉菌株在一定的培养条件下发酵产生的，分泌至细胞外发酵液中的一种次级代谢产物，因此必须从发酵液中将青霉素分离提取出来，才能制备合乎药典规定的抗生素成品。

【复习思考】

1. 简述结晶及其原理。
2. 过饱和溶液的制备方法有哪些？
3. 简述结晶的过程。
4. 影响晶体析出的主要因素有哪些？

单元三

真空冷冻干燥

【学习目标】

1. 理解水的状态平衡图。
2. 熟悉冷冻干燥技术及其特点。
3. 了解真空冷冻干燥的应用。
4. 理解真空冷冻干燥的过程。
5. 熟悉真空冷冻干燥机的构造。
6. 了解生物物质和医药产品的冷冻干燥步骤。

【基础知识】

一、 水的状态平衡图

物质有固、液、气三种状态，物质的状态与其温度和压力有关。图 6-3 表出水的状态平衡图，也称“水的三相图”。图中 OA、OB、OC 三条曲线分别表示冰和水蒸气、冰和水、水和水蒸气两相共存时其压力和温度之间的关系，分别称为溶化线、沸腾线和升华线。此三条线将图面分成Ⅰ、Ⅱ、Ⅲ三个区域，分别表示冰升华成水蒸气、冰溶化成水和水汽化成水蒸气的过程。三曲线的交点 O，为固、液、气三相共存的状态，称为三相点，其温度为 273.16K（0.01℃），压力为 610Pa。在三相点以下，不存在液相，若将冰面的压力保持低于 610Pa，且给冰加热，冰就会不经液相直接变成气相，这一过程称为升华。曲线 OC 的顶端有一点 K，其温度为 647.29K（374℃），称为临界点，若水蒸气的温度高于其临界点温度 374℃时，无论怎样加大压力，水蒸气也不能液化成水。

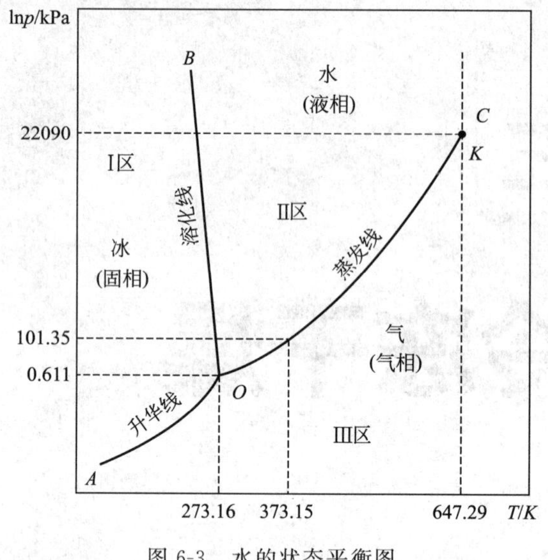

图 6-3　水的状态平衡图

二、 真空冷冻干燥

真空冷冻干燥又称升华干燥，是将含水物料冷冻到冰点以下，使水转变为冰，然后在较高的真空下，将冰转变为水蒸气而除去的干燥方法。

1. 真空冷冻干燥的优点

真空冷冻干燥与通常的晒干、烘干、煮干、喷雾干燥及真空干燥相比有许多突出的优点，具体如下。

① 它是在低温下干燥，不使蛋白质、微生物之类产生变性或失去生物活力。这对于那些热敏性物质，如疫苗、菌类、毒种、血液制品等的干燥保存特别适用。

② 由于是低温干燥，使物质中的挥发性成分和受热变性的营养成分损失很小，是化学制品、药品和食品的优质干燥方法。

③ 在低温干燥过程中，微生物的生长和酶的作用几乎无法进行，能最好地保持物质原来的性状。

④ 干燥后体积、形状基本不变，物质呈海绵状，无干缩；复水时，与水的接触面大，能迅速还原成原来的性状。

⑤ 因系真空下干燥，氧气极少，使易氧化的物质得到了保护。

⑥ 能除去物质中 95%～99%的水分，制品的保存期长。

总之，冷冻干燥是一种优质的干燥方法。但是它需要比较昂贵的专用设备，干燥过程中涉及冷冻和抽真空，耗能较大，因此加工成本高。

2. 真空冷冻干燥的过程

真空冷冻干燥的过程一般包含三个步骤，具体如下。

（1）预冻　就是将溶液中的自由水固化的过程。溶液需过冷到冰点以下，其内产生晶核以后，自由水才开始以纯冰的形式结晶，同时放出结晶热使其温度上升到冰点。随着晶体的生长，溶液浓度增加，当浓度达到共晶浓度、温度下降到共晶点以下时，溶液就全部冻结。

（2）初级干燥　也称为升华干燥，即将冻结后的产品置于密闭的真空容器中加热，其冰晶就会升华成水蒸气逸出而使产品脱水干燥。当全部冰晶除去时，第一阶段干燥就完成了，此时约除去全部水分的90%。在此过程中，冰升华而不融化。

（3）次级干燥　也称为解析干燥。在高真空条件下加热，将存在于固体物质的残留水分（极性基团或生物材料吸附的）以水蒸气的形式被除去，从而留下干燥样品。这一步骤能防止微生物污染，防止某些化学反应发生，改善产品储存稳定性，延长其保存期。

三、　真空冷冻干燥机

真空冷冻干燥机，简称冻干机，主要由冻干箱、水汽凝结器、真空系统、加热系统、制冷系统、电控系统等组成（图6-4）。对于医药用冻干机，还需要有液压系统和消毒灭菌系统。对于大型冻干机，系统中的阀门往往采用气动系统。

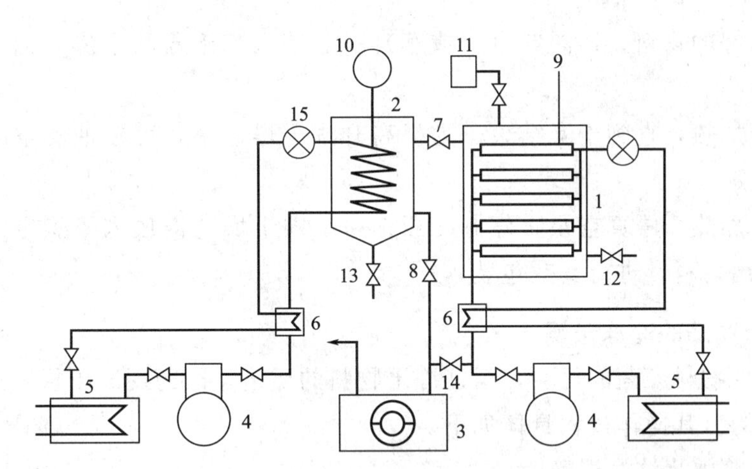

图6-4　真空冷冻干燥机组成示意图

1—冻干箱；2—冷凝器；3—真空泵；4—制冷压缩机；5—水冷却器；6—热交换器；7—冻干箱冷凝器阀门；8—冷凝器真空泵阀门；9—板温指示；10—冷凝温度指示；11—真空计；12—冻干箱放气阀门；13—冷凝器放水口；14—真空泵放气口；15—膨胀阀

① 冻干机的冻干箱。有圆筒形或方形两种，它是用来盛装需冻干物料的装置。箱内设置制冷和加热用的隔板、测温探头，箱壁上装有观察窗和测真空度的规管。

② 捕水器。是用来冷凝从被冻干物料中升华出来的水蒸气的专用部件，内有大面积的低温冷凝表面，其温度通常在－30～－80℃。它相当于专抽水蒸气的冷凝泵，其作用是减少真空系统的负荷，保护油润滑的机械泵没有被污染，提高泵的寿命。

③ 真空系统。通常有两大类：一类是捕水器前边配置机械真空泵；另一类是喷射泵，其真空度一般在1～200Pa之间。

④ 制冷系统。由压缩机、冷凝器、膨胀阀和蒸发器组成。按所需的制冷温度，选配制冷机组的型式，单级制冷系统达－30℃，双级制冷系统可达－50℃，复叠式制冷系统可达－80℃。

⑤ 电控系统。主要由控制台、控制仪表、测量仪表、调节仪表、记录仪表和电路等组成。电控系统可分成手动、半自动和全自动三种，用户可根据需要选择。

⑥ 加热系统。该系统的作用是对冻干箱内的物品进行加热，以便使物料内的水分不断升华，直至达到规定的残余水分要求。加热方式分直热式和间热式两种，直热式主要是电加热，间热式需要热媒和热交换器，热媒多为水、油或水蒸气。

四、 生物物质和医药产品的冷冻干燥

1．生物物质的冷冻干燥

冻干机大多数采用冻干分离型结构。其操作过程具体如下。

① 先将预处理好的物料装盘，送入速冻生产线预冻；或将装好物料的盘子装上架车，送入冷库预冻。

② 预冻好的物料，连同料盘（或车）一起装入冻干器的干燥仓内，抽真空进行升华干燥。

③ 进行加热，直到干燥结束。为提高升华干燥速率，可在抽真空时选择适当时机开始加热。

④ 停止加热，停真空泵，停制冷压缩机，向干燥仓内放入干燥空气，打开真空仓门，取出物料，进行真空包装。

2．医药产品的冷冻干燥

为了减少物料染菌的机会，保证冻干物料的质量，医药用冻干机一般都采用冻干合一型结构。其操作过程具体如下。

① 冻干箱内清洁、消毒。

② 将准备好的物料放在料盘内，放入冻干箱内的隔板上，关好冻干箱门，开动制冷机，对冻干箱内的湿物料进行预冻。当预冻温度达到该物料的共晶点温度以下5℃之后，预冻半小时以上。为节省时间，通常在达到共晶点温度时，开动制冷机对捕水器制冷。

③ 预冻结束时停制冷机，开动真空泵，开启阀门，对冻干箱抽真空。

④ 为补充水蒸气升华所需的潜热，在开始抽真空10min之后，即可开动加热系统，加热速率需要严格控制，通常应保持被冻干物料的温度在其共晶点温度之下1℃左右，待完成升华干燥之后，再逐渐提高温度，但最高不能

超过被冻干物料的允许温度。

⑤ 利用取样法、称重法、升压法、温度对比法和水分在线测量法等中的任何一种方法，都可以判断冻干是否结束。

⑥ 当确认冻干结束时，停止加热、停止冻干机和真空泵，打开冻干箱，取出冻干物料，进行真空包装。有些冻干机可在真空条件下对产品进行压塞操作，再取出，保证冻干物始终处于真空中。

【实训任务】

白蛋白和免疫球蛋白的冷冻干燥

一、 所属项目与任务编号

1. 所属项目：血液蛋白的分离与精制
2. 任务编号：0404

二、 实训目的

1. 理解冷冻干燥原理。
2. 掌握真空冷冻干燥机的操作。
3. 能用冷冻干燥技术冻干蛋白质产品。

三、 实训原理

将蛋白质溶液冷冻到冰点以下，使水转变为冰，然后在较高的真空下将冰转变为水蒸气而除去。

四、 材料与试剂

1. 材料：实训任务 0102 制得的白蛋白沉淀和实训任务 0102 制得的免疫球蛋白沉淀。
2. 试剂：75％乙醇溶液、蒸馏水、注射用水。

五、 仪器和器具

真空冷冻干燥机、西林瓶、西林瓶橡胶塞、分液器、电子天平。

六、操作步骤

1. 按照真空冷冻干燥机说明书熟悉真空冷冻干燥机的构造和技术参数设置方法。

2. 打开冷冻箱，依次用蒸馏水和75%乙醇擦拭冷冻箱和托盘。

3. 称取10g白蛋白沉淀，溶于100mL注射用水中，用分液器分装至西林瓶中，每瓶装1.0mL，塞上橡胶塞，（注意，切勿塞紧，一般塞进一半，以保证干燥时瓶内水蒸气能被抽走，也称为“半加塞”）然后置于托盘内。

4. 称取10g免疫球蛋白沉淀，溶于100mL注射用水中，用分液器分装至西林瓶中，每瓶装1.0mL，半加塞，然后置于托盘内。

5. 将托盘放入冷冻箱内，关闭冷冻箱，接通电源，开启制冷器，分0℃、－10℃、－30℃三个阶段依次冷冻。

6. 完全冷冻后，继续冷冻30min，关闭制冷器，开启真空泵。

7. －30℃下抽真空10min，开启加热器，升温至－25℃再抽真空至真空度最低，然后边抽真空边缓慢升温（可分阶段设置升温值）至25℃，再抽真空至真空度最低。

8. 关闭加热器，开启液压系统（有的真空冷冻机无此功能，此项操作跳过），塞子压入瓶内后，松开压板。

9. 关闭真空泵，开启放气阀至冷冻箱内恢复常压。

10. 打开冷冻箱，取出托盘和冻干产品。观察冻干品，取样按药典测定水分含量。

11. 关闭电源，按照说明书清洁真空冷冻干燥机和托盘。

12. 根据时间、温度和样品状态绘制冻干曲线。

特别说明

本教材实训项目中获得的细胞色素c、血红蛋白、基因工程α-干扰素等都可用真空冷冻干燥制备成品。具体方法参照上述实训内容即可。

【拓展知识】

真空冷冻干燥技术的应用

真空冷冻干燥技术的应用越来越广泛，主要有以下几方面。

（1）生物制品、药品方面　如抗生素、抗毒素、诊断用品和疫苗等。

（2）微生物和藻类方面　如酵母、酵素、原生物、微细藻类等。

（3）生物标本、活组织方面　如制作各种动植物标本，干燥保存用于动物异种移植或同种移植的皮层、角膜、骨骼、主动脉、心瓣膜等边缘组织。

（4）制作用于光学显微镜、电子扫描和投射显微镜的小组织片。

（5）食品的干燥　如咖啡、茶叶、鱼肉蛋类、海藻、水果、蔬菜、调料、豆腐、方便食品等。

（6）高级营养品及中药方面　如蜂王浆、蜂蜜、花粉、中药制剂等。

（7）其他　如化工中的催化剂，冻干后可提高催化效率5～20倍；将植物叶子、土壤冻干后保存，用以研究土壤、肥料、气候对植物生长的影响及生长因子的作用；潮湿的木制文物、淹坏的书籍稿件等用冻干法干燥，能最大限度地保持原状等。

【复习思考】

1. 如何理解水的状态平衡图？
2. 简述冷冻干燥技术及其特点。
3. 简述真空冷冻干燥的过程。
4. 生物物质和医药产品的冷冻干燥步骤分别有哪些？

附录

附表 1　常用有机溶剂在硅胶薄层上的洗脱能力顺序

溶剂	洗脱能力									
	戊烷	四氯化碳	苯	三氯甲烷	二氯甲烷	乙醚	乙酸乙酯	丙酮	1,4-二氧己环	乙腈
溶剂强度参数	0.00	0.11	0.25	0.26	0.32	0.38	0.38	0.47	0.49	0.50

附表 2　常用有机溶剂在氧化铝薄层板上的洗脱能力顺序

溶剂	溶剂强度参数	溶剂	溶剂强度参数	溶剂	溶剂强度参数
正戊烷	0.00	氯苯	0.30	二甲基亚砜	0.62
异辛烷	0.01	苯	0.32	苯胺	0.62
石油醚	0.01	乙醚	0.38	硝基甲烷	0.64
环己烷	0.04	三氯甲烷	0.40	乙腈	0.65
环戊烷	0.05	二氯甲烷	0.42	吡啶	0.71
二硫化碳	0.15	甲基异丁基酮	0.43	丁基溶纤剂	0.74
四氯化碳	0.18	四氢呋喃	0.45	异丙醇	0.82
氟代烷	0.25	二氯乙烷	0.49	正丙醇	0.82
二甲苯	0.26	甲基乙基酮	0.51	乙醇	0.88
异丙醚	0.28	1-硝基丙烷	0.53	甲醇	0.95
氯代异丙烷	0.29	丙酮	0.56	乙二醇	1.11
甲苯	0.30	1,4-二氧己环	0.56	乙酸	/
氯代正丙烷	0.30	乙酸乙酯	0.58		

附表 3 磷酸盐缓冲液配制表

pH	0.2mol/L Na_2HPO_4 /mL	0.2mol/L NaH_2PO_4 /mL	pH	0.2mol/L Na_2HPO_4 /mL	0.2mol/L NaH_2PO_4 /mL
5.8	8.0	92.0	7.0	61.0	39.0
5.9	10.0	90.0	7.1	67.0	33.0
6.0	12.3	87.7	7.2	72.0	28.0
6.1	15.0	85.0	7.3	77.0	23.0
6.2	18.5	81.5	7.4	81.0	19.0
6.3	22.5	77.5	7.5	84.0	16.0
6.4	26.5	73.5	7.6	87.0	13.0
6.5	31.5	68.5	7.7	89.5	10.5
6.6	37.5	62.5	7.8	91.5	8.5
6.7	43.5	56.5	7.9	93.5	6.5
6.8	49.0	51.0	8.0	94.7	5.3
6.9	55.0	45.0			

附表 4 0℃下硫酸铵水溶液由原来的饱和度达到所需饱和度时，每 100mL 硫酸铵水溶液应加入固体硫酸铵的克数

		硫酸铵终浓度/%饱和度																
		20	25	30	35	40	45	50	55	60	65	70	75	80	85	90	95	100
		每100mL溶液加固体硫酸铵的克数																
硫酸铵初浓度/%饱和度	0	10.6	13.4	16.4	19.4	22.6	25.8	29.1	32.6	36.1	39.8	43.6	47.6	51.6	55.9	60.3	65.0	76.7
	5	7.9	10.8	13.7	16.6	19.7	22.9	26.2	29.6	33.1	36.8	40.5	44.4	48.4	52.6	57.0	61.5	69.7
	10	5.3	8.1	10.9	13.9	16.9	20.0	23.3	26.6	30.1	33.7	37.4	41.2	45.2	49.3	53.6	58.1	62.7
	15	2.6	5.4	8.2	11.1	14.1	17.2	20.4	23.7	27.1	30.6	34.3	38.1	42.0	46.0	50.3	54.7	59.2
	20		2.7	5.5	8.3	11.3	14.3	17.5	20.7	24.1	27.6	31.2	34.9	38.7	42.7	46.9	51.2	55.7
	25			2.7	5.6	8.4	11.5	14.6	17.9	21.1	24.5	28.0	31.7	35.5	39.5	43.6	47.8	52.2
	30				2.8	5.6	8.6	11.7	14.8	18.1	21.4	24.9	28.5	32.2	36.2	40.2	44.5	48.8
	35					2.8	5.7	8.7	11.8	15.1	18.4	21.8	25.4	29.1	32.9	36.9	41.0	45.3
	40						2.9	5.8	8.9	12.0	15.3	18.7	22.2	25.8	29.6	33.5	37.6	41.8
	45							2.9	5.9	9.0	12.3	15.6	19.0	22.6	26.3	30.2	34.2	38.3
	50								3.0	6.0	9.2	12.5	15.9	19.4	23.3	26.8	30.8	34.8
	55									3.0	6.1	9.3	12.7	16.1	19.7	23.5	27.3	31.3
	60										3.1	6.2	9.5	12.9	16.4	20.1	23.1	27.9
	65											3.1	6.3	9.7	13.2	16.8	20.5	24.4
	70												3.2	6.5	9.9	13.4	17.1	20.9
	75													3.2	6.6	10.1	13.7	17.4
	80														3.3	6.7	10.3	13.9
	85															3.4	6.8	10.5
	90																3.4	7.0
	95																	3.5
	100																	0

附表 5　室温 25℃ 下硫酸铵水溶液由原来的饱和度达到所需饱和度时，每 1L 硫酸铵水溶液应加入固体硫酸铵的克数

硫酸铵初浓度/%饱和度	硫酸铵终浓度/%饱和度																
	10	20	25	30	33	35	40	45	50	55	60	65	70	75	80	90	100
	每 1L 溶液加固体硫酸铵的克数																
0	56	114	144	176	196	209	243	277	313	351	390	430	472	516	561	662	767
10		57	86	118	137	150	183	216	251	288	326	365	406	449	494	592	694
20			29	59	78	91	123	155	190	225	262	300	340	382	424	520	619
25				30	49	61	93	125	158	193	230	267	307	348	390	485	583
30					19	30	62	94	127	162	198	235	273	314	356	449	546
33						12	43	74	107	142	177	214	252	292	333	426	522
35							31	63	94	129	164	200	238	278	319	411	506
40								31	63	97	132	168	205	245	285	375	469
45									32	65	99	134	171	210	250	339	431
50										33	66	101	137	176	214	302	392
55											33	67	103	141	179	264	353
60												34	69	105	143	227	314
65													34	70	107	190	275
70														35	72	153	237
75															36	115	198
80																77	157
90																	79

附表 6　葡聚糖凝胶性质表

凝胶规格			吸水量	膨胀体积	分离范围(分子量)		浸泡时间/h	
型号	干粒直径/μm		/(mL/g 干凝胶)	/(mL/g 干凝胶)	肽或球状蛋白	多糖	20℃	100℃
G-10	细粒	40～120	1.0±0.1	2～3	≤700	≤700	3	1
G-15	细粒	40～120	1.5±0.2	2.5～3.5	≤1500	≤1500	3	1
G-25	粗粒	150～300	2.5±0.2	4～6	1000～5000	1000～5000	3	1
	中粒	80～150	2.5±0.2	4～6	1000～5000	1000～5000	3	1
	细粒	40～80	2.5±0.2	4～6	1000～5000	1000～5000	3	1
	极细	10～40	2.5±0.2	4～6	1000～5000	1000～5000	3	1
G-50	粗粒	150～300	5.0±0.3	9～11	1500～30000	500～10000	3	1
	中粒	80～150	5.0±0.3	9～11	1500～30000	500～10000	3	1
	细粒	40～80	5.0±0.3	9～11	1500～30000	500～10000	3	1
	极细	10～40	5.0±0.3	9～11	1500～30000	500～10000	3	1
G-75	细粒	40～120	7.5±0.5	12～15	3000～70000	1000～5000	24	3
	极细	10～40	7.5±0.5	12～15	3000～70000	1000～5000	24	3
G-100	细粒	40～120	10±0.1	15～20	4000～150000	1000～100000	72	5
	极细	10～40	10±0.1	15～20	4000～150000	1000～100000	72	5
G-150	细粒	40～120	15±1.5	20～30	5000～400000	1000～150000	72	5
	极细	10～40	15±1.5	18～20	5000～400000	1000～150000	72	5
G-200	细粒	40～120	20±2.0	30～40	5000～800000	1000～200000	72	5
	极细	10～40	20±2.0	20～25	5000～800000	1000～200000	72	5

附表 7　琼脂糖凝胶性质表

商品名称	琼脂糖浓度/%	分离范围(蛋白质分子量)
Sepharose 6B	6	$10^4 \sim 4\times10^6$
Sepharose 4B	4	$6\times10^4 \sim 2\times10^7$
Sepharose 2B	2	$7\times10^4 \sim 4\times10^7$
Bio-Gel A-0.5m	10	$10^4 \sim 5\times10^5$
Bio-Gel A-1.5m	8	$10^4 \sim 1.5\times10^6$
Bio-Gel A-5m	6	$10^4 \sim 5\times10^6$
Bio-Gel A-15m	4	$4\times10^4 \sim 1.5\times10^7$
Bio-Gel A-50m	2	$10^5 \sim 5\times10^7$
Bio-Gel A-150m	1	$10^6 \sim 1.5\times10^8$
Sagavac10	10	$10^4 \sim 2.5\times10^5$
Sagavac8	8	$2.5\times10^4 \sim 7\times10^5$
Sagavac6	6	$5\times10^4 \sim 2\times10^6$
Sagavac4	4	$2\times10^5 \sim 1.5\times10^7$
Sagavac2	2	$5\times10^6 \sim 1.5\times10^8$

附表 8　聚丙烯酰胺凝胶性质表

聚丙烯酰胺凝胶	吸水量/(mL/g 干凝胶)	膨胀体积/(mL/g 干凝胶)	分离范围(分子量)	溶胀时间/h	
				20℃	100℃
P-2	1.5	3.0	100～1800	4	2
P-4	2.4	4.8	800～4000	4	2
P-6	3.7	7.4	1000～6000	4	2
P-10	4.5	9.0	1500～20000	4	2
P-30	5.7	11.4	2500～40000	12	3
P-60	7.2	14.4	10000～60000	12	3
P-100	7.5	15.0	5000～100000	24	5
P-150	9.2	18.4	15000～150000	24	5
P-200	14.7	29.4	30000～200000	48	5
P-300	18.0	36.0	60000～400000	48	5

参考文献

[1] 刘叶青．生物分离工程实验．第2版．北京：高等教育出版社，2014.

[2] 辛秀兰．生物分离与纯化技术．第3版．北京：科学出版社，2016.

[3] 孙彦．生物分离工程．第3版．北京：化学工业出版社，2013.

[4] 吴梧桐．生物制药工艺学．第2版．北京：中国医药科技出版社，2006.

[5] 冯淑华．药物分离纯化技术．北京：化学工业出版社，2009.

[6] 任建新．膜分离技术及应用．北京：化学工业出版社，2003.

[7] 李津，俞泳霆，董德祥．生物制药设备和分离纯化技术．北京：化学工业出版社，2003.

[8] 齐香君．现代生物制药工艺学．第2版．北京：化学工业出版社，2010.

[9] 毛忠贵．生物工业下游技术．第2版．北京：中国轻工业出版社，2009.

[10] 潘永康．现代干燥技术．第2版．北京：化学工业出版社，2007.

[11] 刘家祺．传质分离过程．北京：高等教育出版社，2005.

[12] 王志斌，杨宗伟，邢晓林等．膜分离技术应用的研究进展．过滤与分离，2008，18（2）．

[13] 齐中熙．膜分离技术的应用．高科技纤维与应用，2001，26（3）．

[14] 朱家文，房鼎业．面向21世纪的化工分离工程．化工生产与应用，2000，7（2）．

[15] 孟仕平，丁玉，黄姗姗．L-亮氨酸的生理功能和分离纯化技术．食品工业科技，2011，（04）．

[16] 白云峰，丁玉，张海燕．氨基酸分离纯化的研究进展．食品研究与开发，2007，28（02）．

[17] 刘辉，陈宁．离子交换法从发酵液中提取L-亮氨酸．离子交换与吸附，2008，24（03）．

[18] 张正玉，吴绵斌．抗生素分离纯化技术研究进展．中国生物工程杂志，2012，32（6）．

[19] 江咏，李晓玺，李琳等．双水相萃取技术的研究进展及应用．食品工业科技，2007，28（10）．

[20] 徐小龙，邹建国，刘燕燕等．药用生物碱的应用与分离纯化技术．食品科学，2009，30（15）．

[21] 汪文俊，王海英，熊海容等．基于产业发展需求的生物分离工程实验教学改革．轻工科技，2012，（6）．

[22] 林新华，陈俊，陈伟．芦荟多糖的分离提取与含量测定．福建医科大学学报，2003，2（37）．

[23] 王元秀，蒋竹青，李萍等．生物活性肽分离纯化技术研究进展．济南大学学报（自然科学版），2014，28（5）．

[24] 李锦生，傅晓琴，李永等．功能性生物活性物质超滤分离纯化技术的研究现状与进展．中国食品学报，2010，10（2）．

[25] 安静，董占军，蒋晔．复杂基质中药物现代分离纯化技术的应用进展．药物分析杂志，2014，（8）．

[26] 王凯，李婷，师瑞芳等．链霉菌生物活性物质分离纯化技术研究进展．食品工业科技，2015，36（14）．

[27] 侯越，罗奋华，吴应积．抗体分离纯化技术的研究进展．生物技术通报，2008，（3）．

[28] 李凤玲，何金环．植物多糖的结构与分离纯化技术研究进展．中国农学通报，2008，24（10）．